Bibliothek des Radio-Amateurs 32. Band
Herausgegeben von Dr. Eugen Nesper

Vereinfachung und Verbesserung des Radioempfanges

(Rundfunkautomatik)

Von

Erich Schwandt

Mit 115 **Textabbildungen**

Springer-Verlag Berlin Heidelberg GmbH 1928

ISBN 978-3-662-31787-7   ISBN 978-3-662-32613-8 (eBook)
DOI 10.1007/978-3-662-32613-8

Zur Einführung
der Bibliothek des Radio-Amateurs.

Schon vor der Radio-Amateurbewegung hat es technische und sportliche Bestrebungen gegeben, die schnell in breite Volksschichten eindrangen; sie alle übertrifft heute bereits an Umfang und an Intensität die Beschäftigung mit der Radio-Telephonie.

Die Gründe hierfür sind mannigfaltig. Andere technische Betätigungen erfordern nicht unerhebliche Voraussetzungen. Wer z. B. eine kleine Dampfmaschine selbst bauen will — was vor zwanzig Jahren eine Lieblingsbeschäftigung technisch begabter Schüler war — benötigt einerseits viele Werkzeuge und Einrichtungen, muß andererseits aber auch ein guter Mechaniker sein, um eine brauchbare Maschine zu erhalten. Auch der Bau von Funkeninduktoren oder Elektrisiermaschinen, gleichfalls eine Lieblingsbeschäftigung in früheren Jahrzehnten, erfordert manche Fabrikationseinrichtung und entsprechende Geschicklichkeit.

Die meisten dieser Schwierigkeiten entfallen bei der Beschäftigung mit einfachen Versuchen der Radio-Telephonie. Schon mit manchem in jedem Haushalt vorhandenen Altgegenstand lassen sich ohne besondere Geschicklichkeit Empfangsresultate erzielen. Der Bau eines Kristalldetektorempfängers ist weder schwierig noch teuer, und bereits mit ihm erreicht man ein Ergebnis, das auf jeden Laien, der seine ersten radio-telephonischen Versuche unternimmt, gleichmäßig überwältigend wirkt: Fast frei von irdischen Entfernungen, ist er in der Lage, aus dem Raum heraus Energie in Form von Signalen, von Musik, Gesang usw. aufzunehmen.

Kaum einer, der so mit einfachen Hilfsmitteln angefangen hat, wird von der Beschäftigung mit der Radio-Telephonie loskommen. Er wird versuchen, seine Kenntnisse und seine Apparatur zur verbessern, er wird immer bessere und hochwertigere Schaltungen ausprobieren, um immer vollkommener die aus dem

Raum kommenden Wellen aufzunehmen und damit den Raum zu beherrschen.

Diese neuen Freunde der Technik, die „Radio-Amateure", haben in den meisten großzügig organisierten Ländern die Unterstützung weitvorausschauender Politiker und Staatsmänner gefunden unter dem Eindruck des universellen Gedankens, den das Wort „Radio" in allen Ländern auslöst. In anderen Ländern hat man den Radio-Amateur geduldet, in ganz wenigen ist er zunächst als staatsgefährlich bekämpft worden. Aber auch in diesen Ländern ist bereits abzusehen, daß er in seinen Arbeiten künftighin nicht beschränkt werden darf.

Wenn man auf der einen Seite dem Radio-Amateur das Recht seiner Existenz erteilt, so muß naturgemäß andererseits von ihm verlangt werden, daß er die staatliche Ordnung nicht gefährdet.

Der Radio-Amateur muß technisch und physikalisch die Materie zu beherrschen suchen, muß also weitgehendst in das Verständnis von Theorie und Praxis eindringen.

Hier setzt nun neben der schon bestehenden und täglich neu aufschießenden, in ihrem Wert recht verschiedenen Buch- und Broschürenliteratur die „Bibliothek des Radio-Amateurs" ein. In knappen, zwanglosen und billigen Bändchen wird sie allmählich alle Spezialgebiete, die den Radio-Amateur angehen, von hervorragenden Fachleuten behandeln lassen. Die Kopplung der Bändchen untereinander ist extrem lose: jedes kann ohne die anderen bezogen werden, und jedes ist ohne die anderen verständlich.

Die Vorteile dieses Verfahrens liegen nach diesen Ausführungen klar zutage: Billigkeit und die Möglichkeit, die Bibliothek jederzeit auf dem Stande der Erkenntnis und Technik zu erhalten. In universeller gehaltenen Bändchen werden eingehend die theoretischen Fragen geklärt.

Kaum je zuvor haben Interessenten einen solchen Anteil an literarischen Dingen genommen, wie bei der Radio-Amateurbewegung. Alles, was über das Radio-Amateurwesen veröffentlicht wird, erfährt eine scharfe Kritik. Diese kann uns nur erwünscht sein, da wir lediglich das Bestreben haben, die Kenntnis der Radio-Dinge breiten Volksschichten zu vermitteln. Wir bitten daher um strenge Durchsicht und Mitteilung aller Fehler und Wünsche.

Dr. Eugen Nesper.

Vorwort.

Soll der Rundfunk für den Einzelnen wie für die Allgemeinheit nicht nur die Bedeutung behalten, die er im Augenblick besitzt, sondern soll er zu einer für das kulturelle Leben absolut notwendigen Dauereinrichtung werden, so ist die Vorbedingung hierfür die, daß die Rundfunkteilnehmer mit der Güte des Empfanges zufrieden sind, daß die Empfangsanlage keinerlei Arbeit und umständliche Bedienung und Wartung erfordert und daß die laufenden Unterhaltungskosten gering bleiben, so daß sie jeder erschwingen kann. Die Empfangstechnik hat sich in der letzten Zeit in dieser Richtung entwickelt, und sie wird es zukünftig in noch größerem Maße tun. Da Automatisierung und Vereinfachung des Empfanges aber nicht nur bei den von der Industrie neu hergestellten Anlagen verwirklicht werden können, sondern auch bei bestehenden älteren wie bei solchen, die sich die Bastler selbst anfertigen, m. E. auch gerade hier der Schwerpunkt der ganzen Angelegenheit liegt, weil sich nun einmal mehr als eine und eine halbe Million von Empfangsgeräten im Volk befinden, habe ich hier den Versuch unternommen, die technischen Grundlagen, vor allem aber die praktische Seite der Rundfunkautomatik allgemeinverständlich darzustellen. Das Buch sollte daneben auch eine Sammlung der vielen kleinen Nebensächlichkeiten enthalten, die in ihrer Summe für das gute Arbeiten der Empfangsanlage aber ausschlaggebend sind. Es hat seinen Zweck vollkommen erfüllt, wenn es seine Leser so berät, daß sie nach der Anwendung des hier Gebotenen mit ihrem Empfang zufrieden sind.

Schon vor Beginn der eigentlichen Rundfunkbewegung in Deutschland, im Frühjahr 1923, hat Dr. Nesper wiederholt darauf hingewiesen, daß der Rundfunkempfänger kein Laboratoriumsgerät darstellen dürfe, sondern unbedingt zu einem Gebrauchsgegenstand ausgebildet werden müsse, ähnlich, wie es im letzten Jahrzehnt mit den zahlreichen elektrischen Haushaltgegenständen geschehen ist. Denn nur dann, wenn der Rundfunkempfänger die gleiche geschlossene, gegen Verletzungen vielfach vorbeugende Form besitzt, wie elektrische Plätteisen usw., und wenn er gleich leicht zu bedienen ist, wird es möglich sein, ihn in einigen Jahren in jedem Haushalt anzutreffen.

Um einmal so verständlich als möglich zu sein und um andererseits auf knappem Raum möglichst viel bieten zu können, wurde der Text in reichlichem Maße durch das Bild ergänzt. Der Verlagsbuchhandlung bin ich für ihr außerordentliches Entgegenkommen bei der Anfertigung der zahlreichen Abbildungen sehr zu Dank verpflichtet, desgleichen für die überaus sorgfältige Ausstattung.

Berlin-Rahnsdorf, im Dezember 1927.

Erich Schwandt.

Inhaltsverzeichnis.

1. Einleitung.

Es ist eine ganz bekannte Tatsache, daß man dem Rundfunk gegenüber, zu seinen technischen und künstlerischen Leistungen, zur Güte seiner Darbietungen, die allerverschiedensten Einstellungen antreffen kann, und daß das Werturteil, das die einzelnen Interessenten fällen, in großem Maße von dieser persönlichen Einstellung abhängig ist. In besonderem Maße kann man einen Unterschied zwischen den technisch interessierten Radio-Freunden, also den Radio-Amateuren und Funkbastlern, und den Nur-Rundfunkteilnehmern machen, die nur die Darbietungen wollen, und die die ganze technische Einrichtung, die notwendig ist, um sich diese Radio-Darbietungen zu verschaffen, also aus dem Äther aufzunehmen und zu reproduzieren, als ein leider unumgängliches Nebenbei betrachten. Während nun der Radio-Amateur und -techniker zuweilen selbst dann zufrieden ist, wenn der Wiedergabe eines Senders offensichtliche Mängel anhaften, ist der Durchschnittsbürger, der also nicht Bastler ist, oft auch dann noch nicht befriedigt, wenn er eine einwandfreie Sendung vernimmt. Abgesehen davon, daß man die Radio-Wiedergabe meist einer herberen Kritik unterzieht, als sie bei der Wiedergabe von Musikmaschinen üblich ist, obgleich die technischen Schwierigkeiten bei letzteren weit einfacherer Art sind und obgleich die Radio-Technik eine viel intensivere Entwicklungsarbeit geleistet hat, so daß sie die Grammophontechnik neuerdings in der Tat befruchten und ihr in manchem als Vorbild dienen konnte, abgesehen also von einer zumeist nicht ganz berechtigten scharfen Stellung der Radio-Musik gegenüber muß man doch anerkennen, daß die Durchschnittsdarbietungen, die man heute zu hören bekommt, oft recht unzulänglich sind. Der Grund liegt klar zutage; es ist übrigens der gleiche, den man auf jedem technischen Gebiet beobachten muß, das sich in sprunghafter Entwicklung befindet: in den Händen des Publikums befinden sich viele Empfangseinrichtungen, die in der einen oder anderen Beziehung mangelhaft und heute vielfach überholt sind, denn sie stammen aus der ersten Zeit des Radio-Apparate-Baus. Wenn auch die Rundfunktechnik von Anfang an aus den Erfahrungen der mehrere Jahrzehnte alten drahtlosen Technik schöpfen und auf deren Grundlagen aufbauen konnte, so war doch innerhalb der Radio-Technik eine ganz immense Entwicklungsarbeit zu leisten, die man nicht unterschätzen sollte. Die kommerzielle drahtlose Technik, die es vor 1923 in Deutschland nur gab, stellt für die Rundfunktechnik eben nur die Grundlage dar, weiter aber auch nichts. Zwischen beiden besteht etwa der gleiche Unterschied, wie zwischen den kleinen flinken Motorbooten, die im Sommer zu Tausenden unsere Flüsse und Seen bevölkern, und den riesengroßen Motorschiffen, die an der Seite der Ozeandampfer im Überseeverkehr Dienst tun. Für die Radio-Technik mußte eben nicht mehr denn alles neu entwickelt werden; diese Entwicklung ist, gemessen an dem Umfang der Arbeit, mit Riesenschritten vorwärts gegangen. Die Kraft zu der Entwicklungsarbeit konnte die Industrie aber nur dadurch bekommen, daß sie die einzelnen Stadien der Entwicklung bzw. deren apparatebaulichen Niederschlag unter die Leute brachte, und so eben ist es ganz selbstverständlich, daß sich viele Apparate und Einzelteile in den Händen der Radiofreunde befinden müssen, die heute überholt sind und ausgedient haben sollten. Immerhin läßt sich an derartigen Empfangsanlagen noch manches ändern, vor allem der geschickte Bastler ist in der Lage, durch kleine Ummodelungen und Ergänzungen recht wesentliche Leistungssteigerungen vorzunehmen. Wo und wie das möglich ist, das soll in diesem Büchlein etwas auseinandergelegt werden.

Aber nicht nur das. Je mehr und je länger wir den Rundfunk als willkommene Bereicherung unseres Lebens und als Selbstverständlichkeit hinnehmen, um so größer werden ganz automatisch unsere Ansprüche an ihn. Wir wollen durch technische Belange so wenig als irgend möglich belästigt werden, haben keine Zeit und keine Lust, an den vielen Knöpfen der Empfangsgeräte immer und immer wieder herumzudrehen und eine neue Einstellung zu suchen, bei der die Wiedergabe besser ist. Wir wollen uns nicht durch dauernd leer werdende Heiz- und Anodenbatterien schikanieren lassen, deren Spannung immer gerade dann absinkt, wenn man Besuch hat oder wenn einem aus anderen Gründen am Emp-

fang viel liegt. Wir wünschen vielmehr eine Empfangsanlage, sie
mag sich im Keller oder unterm Dach befinden, an unscheinbarer
Stelle eingebaut wie eine automatische Telephonzentrale oder wie
der Gas- und Elektrizitätsmesser, die immer die gewünschten
Rundfunkdarbietungen vermittelt, wenn wir nur auf einen Knopf
drücken, die uns nicht mehr Bedienungsarbeit zumutet, als die
elektrische Beleuchtung oder das automatische Telephon, die
immer betriebsbereit ist, niemals leere Batterien besitzt, keinen
Störungen unterworfen ist, nie pfeift und brummt, immer die
beste und angenehmste Klangfarbe liefert, deren Zubehörteile
nirgends aufdringlich das Bild eines Zimmers stören, die frei, ist
von allen herumhängenden Drähten, deren Lampen nicht durchbrennen können, deren Heizwiderstände nicht zu überdrehen sind
und die uns schließlich stets gerade die Vorträge und die Musik
liefert, die wir wünschen. Alle Forderungen, die hier aufgestellt
wurden, zu denen auch noch die einer großen Preiswürdigkeit und
eines billigen Betriebes kommt, sind heute ohne weiteres zu erfüllen, bis auf die letzte. Soweit dieser nicht durch die Auswahl unter
den Programmen erreichbarer ferner Sender entsprochen werden
kann, mag sie jeder seiner eigenen Sendegesellschaft ans Herz
legen; die Technik ist hierfür nicht zuständig.

Es ist heute also durchaus möglich, Empfangsanlagen durch-
zubilden, die keinerlei Bedienung erfordern, die durch einen einfachen Druckknopf in und außer Betrieb gesetzt werden können.
Es ist ferner möglich, eine ganze Wohnung oder ein ganzes Haus
von einer zentralen Empfangsanlage aus mit Radiomusik zu versorgen; derartige Anlagen sind keineswegs mehr Krankenhäusern
und ähnlichen öffentlichen Gebäuden vorbehalten, die in der
Lage sind, für solche Einrichtungen viel Geld auszugeben; sie
sind heute für jeden Privatmann erschwinglich. Der automatische
Rundfunkempfang ist heute, soweit es sich um die Wiedergabe
des Orts- oder des nächsten Senders handelt, ohne weiteres möglich, im Fernempfang bis zu gewissen Grenzen. In Anologie zum
automatischen Fernsprecher, der jetzt gerade dabei ist, sich das
gesamte Telephonwesen zu erobern, wollen wir für diesen in der
Zukunft wichtigsten Zweig der gesamten Radio-Empfangstechnik
das Wort Rundfunkautomatik anwenden.

In der Darstellung der Rundfunkautomatik sieht die vor-
liegende Veröffentlichung ihre eigentliche Aufgabe. Die Aus-

führungen sind so gehalten, daß sie in erster Linie den Radio-Amateur und Rundfunkteilnehmer interessieren und diesen anregen und anleiten, seine eigene Empfangsanlage aus eigenen Mitteln und ohne zu große Kosten soweit zu verbessern und zu automatisieren, daß auch er durch technische Unzulänglichkeiten nicht mehr gestört wird und daß ihm der Empfang ein voller Genuß werden muß. Der Rundfunkteilnehmer möchte sich ja ganz auf die Darbietungen, auf den Inhalt der Sendung konzentrieren können, und der äußere Rahmen der Übermittlung muß deshalb so sein, daß er überhaupt nicht mehr wahrgenommen wird. Alle Einzelheiten, die zur Verbesserung und Vereinfachung des Empfangs notwendig sind, sollen eine eingehende Darstellung in Wort und Bild erfahren. Weil das Thema des vorliegenden Bandes große Kreise angeht, die über die Grenzen der eigentlichen Funkbastler und Radio-Amateure weit hinausgehen, will ich versuchen, mich so allgemeinverständlich als möglich zu fassen. Trotzdem soll die Darstellung auch nach der rein technischen Seite hin vollständig sein. Ich bin mir jedoch bewußt, daß das nur bis zu einem gewissen Maße der Fall sein kann; der Leser, der Fehlendes feststellt und Mängel bemerkt, sei jedoch daran erinnert, daß es sich hier um die erste zusammenfassende Darstellung dieses zukunftsreichsten Gebietes der Rundfunktechnik handelt.

2. Der Durchschnitts-Rundfunkempfang und seine Schattenseiten.

Es ist nicht meine Aufgabe, an dieser Stelle über die Vorteile und über die Kulturnotwendigkeit des Rundfunks an sich zu diskutieren. Die Ansicht, daß der Rundfunk für das kulturelle Leben eines Volkes die gleiche Bedeutung besitzt, wie z. B. der Film, dürfte heute unbestritten sein. Diese Anschauung wird geradezu zwingend, wenn man betrachtet, welche ungeheuren Scharen die Radiobewegung in allen Ländern der Erde in ihren Bann zieht, trotzdem die Rundfunktechnik noch längst nicht die Stufe der Stetigkeit und abgeschlossenen Entwicklung erreicht hat, wie es z. B. beim Film schon einige Jahre der Fall ist. Es ist jedem bekannt, daß der Radioübertragung Mängel anhaften, und trotzdem ist der Radioempfang für viele Millionen von Menschen eine lebensnotwendige Dauereinrichtung geworden. Natürlich ist jeder bestrebt, zu tunlichst gutem und ungestörtem Empfang zu kommen. Dazu ist aber zunächst die genaue Kenntnis aller Unzulänglichkeiten der Durchschnitts-Empfangseinrichtungen notwendig. Die Nachteile der üblichen Empfangsanlagen liegen weniger in ungenügender elektrischer und klanglicher Leistung, als in zu schwieriger Bedienung, in zu weitgehender Zerstückelung der Anlage und damit verbundener großer Empfindlichkeit und in zu unpraktischer und kostspieliger Energieversorgung der Empfänger und Verstärker. Bei vielen älteren Geräten kommt zu diesen Nachteilen allerdings der weitere ungenügender Empfangsleistungen und schlechter Wiedergabe.

Wir haben uns in der letzten Zeit daran gewöhnt, ein Werturteil über einen Empfänger nach seiner Lautsprecherwiedergabe zu bilden. Der Kopfhörerempfang hat für die Zukunft keine allzu große Bedeutung mehr. Der Absatz an Kopfhörern geht im Verhältnis zu dem an Lautsprechern zurück. In einigen Jahren wird es uns kurios vorkommen, daß wir uns einmal mit Kopfhörern an den Ohren um einen Tisch setzten und den Radio-Darbietungen zuhörten, die so leise waren, daß niemand sprechen durfte, sollten sie nicht trotz der fast hermetischen Kapselung des Hörenden durch die Ohrmuscheln unverständlich werden. Es ist deshalb ganz in der Ordnung, wenn Detektorempfänger und solche Geräte, mit denen nur Kopfhörerempfang möglich ist, aus unseren Betrachtungen ganz ausscheiden, wie sie sich auch wohl langsam, aber um so sicherer vom Markt entfernen werden. In der Gruppe der Röhrenempfänger hat man sich daran gewöhnt, den Unterschied zwischen Ortsempfängern und Fernempfängern zu machen. Als Ortsempfänger bezeichnet man einen Empfangsapparat, der den Ortssender an jeder guten Behelfsantenne zufriedenstellend in den Lautsprecher bringt. Man verlangt von ihm in elektrischer Beziehung genügende Empfindlichkeit, damit man mit einfachen Antennengebilden auskommt, eine große Verstärkung, damit eine erhebliche Ausgangsenergie zur Verfügung steht und wirklich guter Lautsprecherbetrieb möglich ist, und eine völlige Verzerrungsfreiheit. Diese Forderungen werden in den neueren Modellen von Ortsempfängern ohne weiteres erfüllt, sei es auf dem Wege der Widerstandsverstärkung, sei es mit Hilfe einer Doppelröhre oder in der Gegentaktverstärkung. Solange sich am Ort nur ein Sender befindet, oder so lange wohl mehrere Sender vorhanden sind, diese aber ständig das gleiche Programm senden, ist Selektivität nicht zu verlangen. Trotzdem ist sie angebracht, und die Konstrukteure derartiger Ortsempfänger tun gut daran, das an Selektivität anzustreben, was bei solchen Ortsempfängern mit einfachen Mitteln zu erreichen ist. In Amerika bestehen schon heute in jeder größeren Stadt mehrere Sender, allein New York verfügt über 16 Sender, die sämtlich verschiedene Radioprogramme ausstrahlen. Auch in Europa werden uns an den Sendeorten bald mehrere Programme gleichzeitig in gleicher Sendestärke zur Verfügung stehen; an Stellen des Rheinlandes ist es schon heute so. Für die Aufnahme dieser Sender genügt nach Empfindlichkeit und Lautstärke der übliche Ortsempfänger vollkommen, er muß dann aber so selektiv sein, daß er die einzelnen Wellen einwandfrei trennen kann. Fernempfang ist mit diesen Ortsempfängern nicht durchzuführen, er ist auch nicht beabsichtigt. Daß er draußen in der Provinz an guten Hochantennen trotzdem gelingt, zum Teil sogar als Lautsprecherempfang, ist eine Sache für sich und sagt nichts Gegenteiliges.

An zweiter Stelle stehen nun die Fernempfänger, und unter diesen unterscheidet man solche, mit denen man nur in der Provinz, und auch andere, mit denen man in den Sendestädten, während der Ortssender arbeitet, ferne Stationen aufnehmen kann. Zahlreiche Fernempfänger besitzen den Mangel, daß sie den Ortssender nicht mit der gleichen Güte wiedergeben, wie die ausgesprochenen Ortsempfänger. Guter Fernempfang heißt bei ihnen oft schlechter Ortsempfang. Die Schuld trägt entweder die ungenügende Dimensionierung des niederfrequenten Teils, der nur für die schwachen Amplituden des Fernsenders, nicht aber für die sehr großen des Ortssenders bemessen ist, oder die Tatsache, daß das kompendiöse Ferngerät nur als Ganzes, nicht aber in seinem letzten Teil als Ortsempfänger benutzt werden kann. Fernempfänger sind in der Regel mit ganz einfacher Transformatorenkopplung ausgerüstet. Sie geben eine im Klangcharakter annähernd befriedigende Verstärkung, wenn die Endlautstärke mäßig bleibt, und das ist sie meistens beim Fernempfang. Sie verzerren aber gewaltig, wenn es sich um größere Lautstärken handelt, wenn sie nicht besonders für diese dimensioniert sind. Bei Fernempfängern ist in elektrischer Beziehung weiter als nachteilig zu buchen, daß ihre Selektivität oft nur dann ausreichend ist, wenn sie in größerer Entfernung von einem Ortssender betrieben werden. Häufig nehmen die Spulen innerhalb des Empfängers so viel Energie vom Ortssender auf, daß dieser überall durchschlägt. Schließlich ist der Nachteil festzustellen, daß zur Erzielung genügender Fernempfindlichkeit oft an den Grenzen der Rückkopplung und vor der unmittelbaren Schwingneigung auch der Hochfrequenzröhren gearbeitet werden muß, woraus sich ein äußerst labiler und unerfreulicher Zustand ergibt.

Wir kommen nun zu dem zweiten schwerwiegenden Nachteil fast aller Empfangseinrichtungen, zu der viel zu weit gehenden Zerstückelung und Trennung der einzelnen Bestandteile. Abb. 1 zeigt eine hierfür typische Empfangsanlage. Sie besteht aus dem Empfänger *A*, einem Verstärker *B*, der Anodenbatterie *C*, der Heizbatterie *D* und dem Lautsprecher *E*. Oft geht diese Zerstückelung noch weiter,

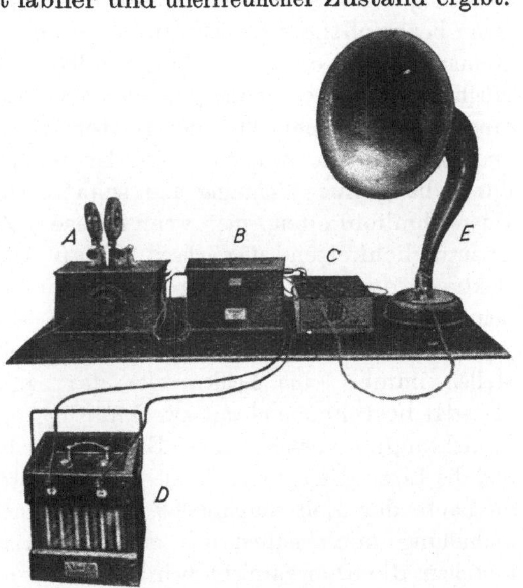

Abb. 1. Die heute übliche weitgehende Zerstückelung der Empfangsanlage.

wenn nämlich ein besonderer Hochfrequenzverstärker, oder ein Siebkreis, oder ein separater Abstimmkreis vor den Empfänger *A* geschaltet wird, oder wenn an Stelle des Lautsprechers ein sog. Verteilerbrett Verwendung findet, an das die Kopfhörer angeschlossen werden. Durch die vielen getrennten Teile wird die Empfangsanlage unübersichtlich, es kommt leicht Unordnung in sie hinein, die Verstaubung ist eine immense, da es schwer möglich ist, die vielen einzelnen Organe, die alle durch zahlreiche Leitungen zusammenhängen, zweckmäßig zu verstauen. Die Drähte und Verbindungslitzen sind der größte Ärger aller Hausfrauen und Laien, die sich oft trotz aller Gebrauchsanweisungen nicht auskennen. Sollen die Batterien geladen werden, so muß man sie von der Empfangsanlage trennen; beim Wiederanschalten ist die Möglichkeit einer Verwechselung gegeben. Diese und weitere unerfreuliche Dinge resultieren aus der so weitgehenden Unterteilung der Empfangsanlage, die dann besonders gefährlich wird, wenn sich die Apparaturen in einem an sich gut ausgestatteten Wohnraum oder Salon befinden oder wenn beabsichtigt ist, nicht nur in einem, sondern in mehreren Räumen der Wohnung Radio zu hören. Da man keine andere Möglichkeit hierzu kennt, transportiert man die gesamte Empfangsanlage einschließlich der Batterien von einem Zimmer ins andere, führt die Antennen- und Erdleitung in langen Schleifen durch die ganze Wohnung und schafft sich so eine Reihe von Unannehmlichkeiten, die, wenn dieser Zustand andauert, zu Unzuträglichkeiten auswachsen. Daß dieses Verhältnis auch elektrisch denkbar ungünstig ist, kommt vielen Rundfunkfreunden gar nicht in den Sinn. Und doch sind zahlreiche Versager gerade hierauf zurückzuführen. Die vielen Verbindungslitzen stellen immer eine Fehlerquelle dar, mögen sie aus bestem Material bestehen und mit zweckmäßigsten Klemm- und Steckvorrichtungen versehen sein. Es ist eine bekannte Erscheinung, daß die Litze dort, wo sie in die Bananenstecker eingeklemmt ist, im Laufe der Zeit durchbricht, während Gummi- und Gewebeumhüllung noch halten und eine elektrische Verbindung vortäuschen, die aber garnicht mehr vorhanden ist. Fast gefährlicher ist jedoch der ebenso häufige Zustand, daß die Litzendrähtchen wohl brechen oder durchoxydieren, sich gegenseitig aber noch so weit berühren, daß der Stromweg geschlossen ist; die Kontaktstelle besitzt dadurch einen sich ständig ändernden Übergangswiderstand und verursacht so Prassel- und Knackgeräusche, die den Empfang stark beeinträchtigen und die der Laie nicht abstellen kann, da er ihren Ursprung nicht entdeckt. Die Verbindungsleitungen erheischen öfteren Ersatz, der für denjenigen, der sich nicht Litze und Stecker einzeln kaufen und die Verbindungsleitungen mit den Anschlußmöglichkeiten selbst herstellen kann, recht kostspielig ist.

Ein weiterer Nachteil, der für die Ausbreitung der Radiobewegung in Laienkreisen ein eminentes Hemmnis darstellt, ist die schwere Bedienbarkeit so mancher Empfangsgeräte. Man mag nur ein normales Rückkopplungsaudion mit außen liegenden Spulen betrachten. Nur wenige Laien sind in der Lage, dieses Gerät richtig zu bedienen; selbst nach jahrelanger Übung bringen sie es nicht zu den vollen Leistungen, da sie nur die unmittelbare Wirkung, aber nicht die eigentlichen physikalischen Auslösungen ihrer Handgriffe beurteilen können. Abb. 2 zeigt z. B., wie viele Handgriffe zur Bedienung eines Rückkopplungsempfängers mit einfacher Niederfrequenzverstärkung notwendig sind, wobei ich darauf hinweisen möchte, daß es sich hier noch um einen Empfangsapparat handelt, der in jeder Beziehung einwandfrei durchkonstruiert ist und bei dem großes Gewicht auf leichte und folgerichtige Bedienung gelegt wurde. Dieses Gerät stellt an den Besitzer in technischer Beziehung etwa die gleichen Anforderungen, wie ein moderner Photoapparat. Während ihnen also der technisch nur etwas interessierte Zeitbürger gerecht werden kann, wird die Bedienung von so vielen anderen bereits als zu schwer empfunden. Man will einen allseitig geschlossenen Empfangsapparat mit möglichst eingebauten Batterien, an dem sich außen nur zwei Knöpfe befinden, von denen einer für die Ein- und Ausschaltung und ein zweiter für die Einstellung des Senders gebraucht werden. Höchstens wird vom Publikum noch ein dritter zugebilligt, mit dem man eine Regulierung der Lautstärke vornehmen kann. Gewiß sind diese Bedingungen schwierig, und es ist außerordentlich schwer, solche Apparate für Fernempfang zu bauen. Dagegen gelingt es ohne weiteres, bei Ortsempfängern die Bedienung auf dieses Mindestmaß herabzusetzen; auf Seite 42 werden praktische Beispiele hierfür gegeben.

Den Fernempfänger der Zukunft stellt sich der Laie sogar so vor: In jedem Zimmer befindet sich eine kleine Platte mit einem Dutzend verschiedener Druckknöpfe in die Wand eingelassen; unter diesen Druckknöpfen ist eine Anschlußmöglichkeit für den Lautsprecher vorgesehen, oder derselbe ist besser fest eingebaut. Neben den Knöpfen befinden sich Schildchen mit den Namen der wichtigsten Sendestationen. Drückt man einen der Knöpfe, so erscheint die betreffende Station einwandfrei im Lautsprecher; die Wiedergabe ist so vollendet, daß irgendeine weitere Einregulierung nicht notwendig ist. Die Empfangsapparaturen selbst sind unsichtbar in einen Wirtschaftsraum eingebaut, sie befinden

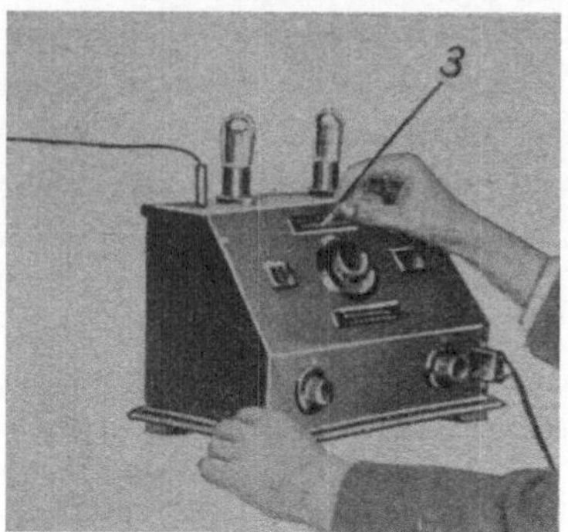

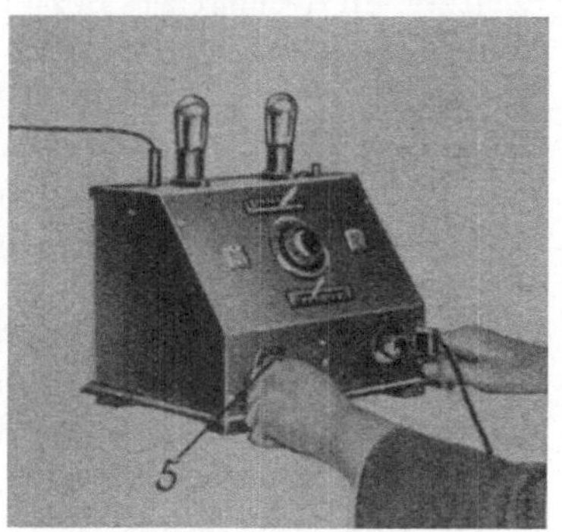

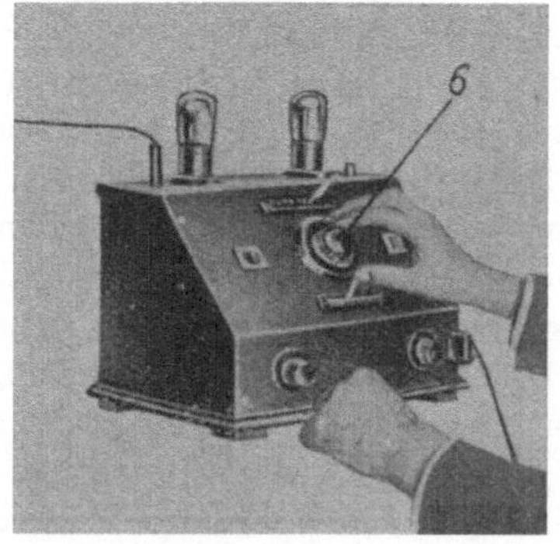

Abb. 2. Die Bedienungsgriffe bei einem guten Rückkopplungsempfänger mit Einfach-Niederfrequenzverstärkung: *1* Einschalten der Heizung, *2* Einregulieren des Heizstromes, *3* Bedienung der Antennenkopplung, *4* Bedienung der Rückkopplung, *5* Einstellen des Wellenbereiches, *6* Abstimmen auf die Senderwelle.

sich dort, wo auch der Elektrizitätszähler und wo ähnliche Anschlußeinrichtungen ihren Platz haben. Dem praktischen Funktechniker erscheint diese Prophezeiung sehr phantastisch. Das ändert aber nichts daran, daß sie bereits heute technisch möglich ist, allerdings nur bei einem riesigen Aufwand sorgfältigst abgeglichener Abstimmkreise und anderer Apparaturen. Wer will ernsthaft bestreiten, daß wir in gar nicht so ferner Zeit derartige Empfangseinrichtungen in unsere Häuser und Wohnungen einbauen lassen? Wir befinden uns bereits heute stark auf dem Wege zu einer vollautomatischen Ausbildung des Rundfunkempfangs.

Nach dieser Abschweifung wollen wir kurz den letzten Nachteil der üblichen Empfangseinrichtungen skizzieren, der in zu unpraktischer und zu kostspieliger Energieversorgung der Empfangsanlage besteht. Zu unpraktisch insofern, als zwei getrennte Energiequellen, eine Heiz- und eine Anodenbatterie, notwendig sind, die sich nach gewisser Zeit erschöpfen und dann entweder geladen oder ersetzt werden müssen. Stehen keine Reservebatterien zur Verfügung, so muß der Rundfunkteilnehmer während dieser Zeit auf einen Empfang verzichten. Dieser Verzicht, dieses Aussetzen während gewisser Zeiten ist nie das Merkmal einer Dauereinrichtung. Die Batterien müssen oft zum Elektroinstallateur zur Ladung geschafft werden. Befindet sich eine Ladeeinrichtung im Hause, so ist doch ein Abnehmen der Batterien von der Empfangsapparatur und ein späteres Neuanschließen notwendig. Kommen Akkumulatoren zur Verwendung, so muß man häufig über zu schnellen Verschleiß derselben klagen, da man nicht in der Lage ist, den Zustand der Entladung zu kontrollieren, sie deshalb so lange am Empfangsapparat läßt, bis die Spannung merklich absinkt, und das ist bei den schwachen Strömen, die den Akkumulatoren bei der Speisung von Empfangsanlagen entnommen werden, erst dann der Fall, wenn die Batterie bereits viel zu sehr erschöpft ist. Diese tiefe Entladung wirkt auf die Lebensdauer der Akkumulatoren höchst ungünstig ein. Ladestationen, die Dauerkundschaft besitzen, haben es mir verschiedentlich bestätigt, daß die Heizbatterien in den Händen des Laienpublikums eine Lebensdauer von 1 Jahr erreichen, wenn sie mit Gitterplatten, und von 4 Jahren, wenn sie mit Masseplatten ausgerüstet sind. Aus eigener Erfahrung weiß ich dagegen, daß ein Masseplattenakkumulator, wenn er richtig behandelt, das heißt stets genügend frühzeitig geladen, nicht überlastet und in der Säurekonzentration auf dem richtigen Wert gehalten wird, noch nach 6 Jahren so gut brauchbar ist, daß eine Auswechselung der Platten noch nicht vorgenommen werden braucht. Sicher ist die Lebensdauer eine noch um einige Jahre größere. Das Ideal ist es schließlich, die Empfangsenergie direkt dem Lichtnetz zu entnehmen, was mit Hilfe besonderer Netzanschlußgeräte geschehen kann. Leider müssen derartige Apparate aus verschiedenen Gründen eine Einschränkung erfahren, und leider bewegen sich ihre Preise noch in einer derartigen Höhe, daß man sie wohl gut für Vielröhrenapparate und komfortable Empfangseinrichtungen, aber nur selten für den einfachen Volksempfänger benutzen kann. Doch auch wenn Batterien die Energieversorgung des Rundfunkempfängers übernehmen, kann man den Betrieb durch zweckmäßige Schaltungen sehr vereinfachen. Und dadurch wie durch die Verwendung von Netzanschlußgeräten kann man ihn schließlich auch verbilligen, was dringend notwendig ist. Wie sehr, das erkennt man leicht, wenn man die auf Seite 13 abgedruckte Tabelle betrachtet, die die stündlichen und monatlichen Energiekosten bei den verschiedenen Betriebsarten wiedergibt. Es ist dabei ein Durchschnittsfall angenommen, und zwar ein Empfänger mit 0,5 Amp. Heizstromverbrauch und 10 Milliamp. Anodenstromverbrauch. Monatlich wurden 150 Empfangsstunden gerechnet, was bei einem Familienempfänger, der von den einzelnen verschieden interessierten Familienmitgliedern benutzt wird, zutreffen dürfte.

Wenn man die Installation einer neuen Empfangseinrichtung beabsichtigt, kann man durch zweckmäßige Apparatewahl und Anordnung dafür Sorge tragen, daß die erörterten Nachteile der üblichen Empfangseinrichtungen vermieden werden. Der Bastler und Rundfunkteilnehmer ist daneben aber in der Lage, auch bestehende Empfangsanlagen durch meist wenig umfangreiche Änderungen soweit zu vervollkommnen, daß sie zeitgemäßen Anforderungen entsprechen und ebenfalls die geschilderten Schattenseiten umgehen. Selbst der Amateur, der in technischer Betätigung, im Dimensionieren und Herstellen neuer stets leistungsfähigerer und in irgendeiner Beziehung verbesserter Empfänger seine Aufgabe sieht, sollte das Ziel ins Auge fassen, für den täglichen Gebrauch

Energiekosten für eine Radio-Empfangsanlage bei 0,5 Amp. Heizstrom (4 Volt Heizspannung) und 10 Milliamp. Anodenstrom (100 Volt Anodenspannung).

A. Heizstrom

Art der Energieversorgung	Kosten für 1 Betriebsstunde Pfg.	Kosten für 1 Monat M.
24 Amp.-Stdn. Akkumulator, Ladung in Ladestation	1,45	2,20
dto., Ladung vom Gleichstromnetz, 1 kWh = 16 Pf.	2,1	3,15
dto., dto. 1 „ = 45 „	6,—	9,—
dto., Ladung mit Gleichrichter 1 „ = 16 „	0,133	0,20
dto., dto. 1 „ = 45 „	0,37	0,56
40-Amp.-Stdn. Akkumulator, Ladung in Ladestation	0,95	1,43
dto., Ladung vom Gleichstromnetz, 1 kWh = 16 Pf.	2,1	3,15
dto., · dto. 1 „ = 45 „	6,—	9,—
dto., Ladung mit Gleichrichter 1 „ = 16 „	0,132	0,20
dto., dto. 1 „ = 45 „	0,37	0,56
Trockenbatterie aus 3 Elementen je 60 Amp.-Stdn.	19,—	22,50
Netzanschlußgerät, Gleichstrom, 1 kWh = 16 Pf.	1,76	2,65
dto. dto. 1 „ = 45 „	4,95	7,45
dto. Wechselstrom 1 „ = 16 „	0,096	0,15
dto. dto. 1 „ = 45 „	0,27	0,40

B. Anodenstrom

Art der Energieversorgung	Kosten für 1 Betriebsstunde Pfg.	Kosten für 1 Monat M.
Anodentrockenbatterie, 1 Amp.-Std.	10,—	15,—
dto. 2 „	6,5	9,75
dto. 4 „	3,75	5,65
Anodenakkumulator, in der Ladestation geladen . .	1,5	2,25
dto., Ladung vom Gleichstromnetz, 1 kWh = 16 Pf.	0,043	0,07
dto., dto. 1 „ = 45 „	0,12	0,18
dto., Ladung mit Gleichrichter, 1 „ = 16 „	0,13	0,20
dto., dto. , 1 „ 45 „	0,36	0,54
Netzanschlußgerät, Gleichstrom, 1 „ = 16 „	0,035	0,06
dto. dto. 1 „ = 45 „	0,098	0,15
dto. Wechselstrom, 1 „ = 16 „	0,16	0,24
dto. dto. 1 „ = 45 „	0,45	0;68

Amortisationskosten für Akkumulatoren, Netzanschlußgeräte, Gleichrichter usw. sind in diesen Zahlen nicht berücksichtigt.

eine Empfangsanlage zu schaffen, die den aufgerollten Bedingungen entspricht, denn gerade er, der sich viele Einzelteile und Anordnungen selbst bastelt, ist am ehesten in der Lage, den vollkommenen „Radio-Automaten" zu entwerfen und zu bauen, der sich für seine Verhältnisse als am besten erweist.

3. Verbesserungen des Empfangs und der Apparatur, die auf einfache Weise vorgenommen werden können.

In diesem Kapitel sollen uns die zahlreichen kleinen Behelfe und Umänderungen beschäftigen, die der Bastler und geschickte Radio-Teilnehmer ohne erhebliche Kosten und Arbeiten selbst vornehmen kann, um den Empfang weitgehend zu verbessern und zu vereinfachen. Gerade diese Kleinigkeiten sind meist von ungeheurer Wichtigkeit. Ihren Wert sehe ich in der Hauptsache darin, daß es bei ihrer Kenntnis möglich ist, nicht zufriedenstellenden Empfang aus eigenen Mitteln soweit zu verbessern, daß man einen Tadel nicht mehr aussprechen kann. Auch dem sonst technisch nicht interessierten Rundfunkteilnehmer kann nur empfohlen werden, die beschriebenen Arbeiten selbst auszuführen, da er so am besten Einblick in die Arbeitsweise der Apparatur, in das Hand-in-Hand-Gehen der einzelnen Teile und in die Wirkungen der verschiedenen Bedienungsgriffe bekommt. Jedoch auch dem routinierten Amateur möchte ich raten, diesen Teil des Buches nicht zu überschlagen, da auch er manches für ihn Verwendbare erfahren dürfte.

a) Der Orts- und Nahempfang.

Von einer Empfangsanlage, die dazu bestimmt ist, den Orts- oder Nahsender zu empfangen, muß verlangt werden, daß sie eine so große Empfindlichkeit besitzt, daß sie auch noch an Behelfsantennen (soweit diese so gut als möglich sind) vollen Lautsprecherempfang ermöglicht, daß der eingebaute Niederfrequenzverstärker so verzerrungsfrei arbeitet, daß die Wiedergabe trotz großer Lautstärke angenehm und originaltreu klingt, daß die Bedienung auf das Ein- und Ausschalten der Apparatur herabgesetzt ist und das schließlich keine Störungen verursacht werden und auf vorhandene Störungen nur in möglichst geringem Maße reagiert wird. Sind zwei Nah- oder Ortssender vorhanden, muß auch eine gewisse Abstimmschärfe verlangt werden, um diese Sender getrennt aufnehmen zu können.

Für den Ortsempfang kommen in der Hauptsache folgende vier Gruppen von Empfangsgeräten zur Verwendung:

1. Detektorempfänger mit nachfolgendem Niederfrequenz-, zuweilen Gegentaktverstärker,

2. Dreiröhren-Widerstandsempfänger,

3. Audionempfänger mit Rückkopplung und einer Stufe Niederfrequenzverstärkung,

4. Doppelröhren- oder Reflexgeräte mit einer Hochfrequenz- und einer Niederfrequenzstufe und Detektorgleichrichtung.

Detektorempfänger sind zwar noch in sehr großem Umfange im Gebrauch; ihre verhältnismäßige Verbreitung geht indessen stetig zugunsten der Röhrenempfänger zurück. Da der Kristalldetektor ein Empfangsmittel darstellt, das verhältnismäßig unzuverlässig ist, das häufiges Suchen der empfindlichen Stellen und Nachregulieren notwendig macht, kann, wenn die Neuanschaffung einer Empfangsanlage in Rede steht, zum Detektorempfänger nicht geraten werden. Da er zu gutem Empfang nur ausreichend ist, wenn er durch einen Niederfrequenzverstärker ergänzt wird, stellt die Verwendung des Detektors auch in wirtschaftlicher Beziehung keinen Vorteil dar. Gewiß hat der Kristalldetektor an einigen Stellen auch heute noch Berechtigung, so in Reflex- und Doppelröhrengeräten, in denen man einen billigen Gleichrichter benötigt und deshalb gern zum Kristalldetektor greift, außerdem in solchen Ortsempfangsanlagen, die einen Kraftverstärker enthalten, der sowohl Heiz- als Anodenenergie vom Lichtnetz erhält und im Gegentakt arbeitet. Für diese Fälle wird man aber möglichst solche Detektoren in Anwendung bringen, die ständig fest eingestellt sind und nicht nachreguliert werden sollen, so z. B. gute Detektorkapseln. Sie besitzen eine etwas geringere Empfindlichkeit und geben eine kleinere Lautstärke, die kann man aber ruhig in Kauf nehmen, da man durch den nachfolgenden Verstärker in die Lage gesetzt ist, beliebige Endlautstärken zu erzielen.

Für den guten Rundfunkempfang bleiben demzufolge die drei letzten Arten von Ortsempfängern übrig. Ihre quantitativen Leistungen dürften sich ungefähr gleich kommen, wenn man mit übereinstimmenden Betriebsbedingungen rechnet. In qualitativer Hinsicht ist der Dreistufen-Widerstandsempfänger an erster Stelle, das Doppelröhrengerät mit Detektorgleichrichtung an zweiter und das Rückkopplungsgerät mit nachfolgendem Einfach-Niederfrequenzverstärker an dritter Stelle zu nennen. Der Dreistufen-Widerstandsempfänger stellt heute das vorteilhafteste Empfangsgerät für den Ortssender dar, das alle Bedingungen, wie leichte Bedienbarkeit, gute Empfindlichkeit, große Lautstärke und verzerrungsfreie Wiedergabe, erfüllt. Fast die gleichen Leistungen liefert ein Doppelröhren- oder Reflexgerät mit Detektorgleichrichtung. Die beiden Geräte ergänzen sich gewissermaßen: während die Lautstärke des Widerstandsempfängers in größerer Entfernung vom Sender die des Doppelröhrengerätes übertrifft, ist das letztere dem ersteren sehr dicht am Sender dadurch überlegen, daß es noch völlig verzerrungsfrei arbeitet, während im Widerstandsempfänger dann schon oft die zweite Röhre übersteuert wird. Das Rückkopplungsgerät ist an letzter Stelle zu nennen, da man, um an der gleichen Antenne die gleiche Lautstärke zu erzielen, sehr weit in die Rückkopplung hineingehen und deren verzerrende Eigenschaft in Kauf nehmen muß. Dazu kommt die in musikalischer Beziehung etwas ungünstigere Transformatorenkopplung.

Noch besser als der normale Widerstandsverstärker ist jedoch ein anderes Gerät, das im Prinzip die gleiche Schaltung besitzt, daneben aber über eine Rückkopplung an der ersten als Audion arbeitenden Röhre verfügt. Der Bastler und Rundfunkteilnehmer kann einen vorhandenen Dreifach-Widerstandsempfänger, soweit es keine Mehrfachröhre nach Dr. Loewe ist, ohne weiteres in dieser Hinsicht vervollständigen. Die Verbesserung macht sich darin bemerkbar, daß man einmal größere Lautstärken des Ortssenders erzielen kann, was vor allem dann erwünscht ist, wenn die Entfernung zwischen Sender und Empfänger bereits so groß ist, daß an der vorhandenen Antenne die gewünschte Endenergie nicht mehr zu erzielen ist, und weiter darin, daß man sich in die Lage versetzt, innerhalb der Sendestädte wenigstens dann Fernempfang zu treiben, wenn der eigene Sender schweigt. In einer größeren Entfernung vom Sender, also in den Vororten, kann man ferne Sender auch während der Sendezeiten der Ortsstation aufnehmen. Als dritter Vorteil dieser einfachen Ergänzung ist die Steigerung der Abstimmschärfe zu nennen, die durch die Dämpfungsreduktion erzielt wird und die die Trennung zweier auf verschiedenen Wellen arbeitender Ortssender zuläßt, vorausgesetzt, daß die Wellen der Stationen nicht zu dicht zusammenliegen.

Abb. 3 zeigt die Schaltung des verbesserten Gerätes. Die dünn ausgezogenen Elemente und Verbindungen der Schaltung sind bereits dem normalen Dreistufen-Widerstandsempfänger eigen,

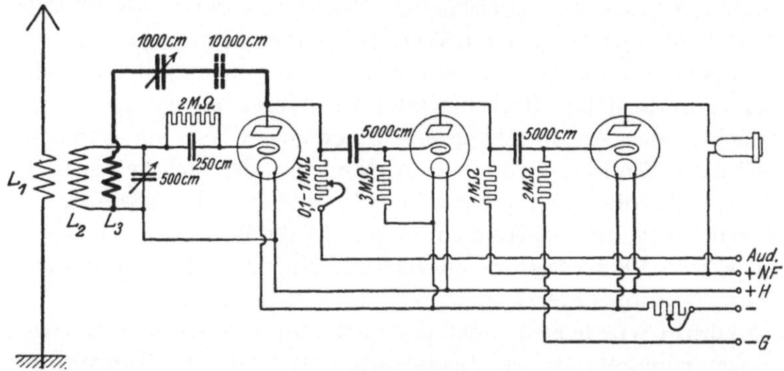

Abb. 3. Schaltung des verbesserten Widerstandsempfängers mit kapazitiv regelbarer Rückkopplung.

und die dick gezeichneten Teile stellen die Vervollständigung dar. Der Leser erkennt, daß diese nur in einer einzigen Spule und in einem Drehkondensator besteht, der noch dazu sehr einfacher Konstruktion sein kann, da er nicht zur Abstimmung, sondern nur zur Dosierung der Rückkopplung gebraucht wird. Bewährt haben sich hierfür die Glimmer-Quetschkondensatoren, von denen Abb. 4 eine Ausführung im Schnitt zeigt. Sie können im Gegensatz zu Luftdrehkondensatoren nur sehr schwer Kurzschluß bekommen, was gerade hier wichtig ist, da durch einen Kurzschluß des Kondensators auch die Anodenbatterie — über den Anodenwiderstand — direkt geschlossen wird. Sie gestatten des weiteren eine sehr feinstufige und gleichmäßige Regulierung der Kapazität, da sich die Änderung vom Minimum bis zum Maximum

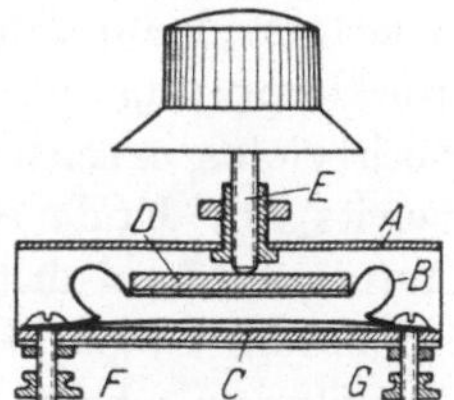

Abb. 4. Glimmer-Druckkondensator im Schnitt: *A* Eisenblechgehäuse, geerdet, *B* bewegliche Belegung aus Kupferfolie, *C* feste Belegung, mit Glimmer abgedeckt, *D* Druckplatte aus Isoliermaterial, *E* Mikrometerdruckschraube mit Drehknopf, *F* und *G* Anschlüsse des Kondensators.

auf zahlreiche Umdrehungen der Kondensatorachse verteilt, und lassen demzufolge ein weiches Einsetzen der Rückkopplung erzielen. Schließlich haben sie den Vorteil, daß man die Kapazität innerhalb eines sehr großen Bereiches (z. B. 10 bis 800 cm) verändern kann. Will man sich in der Kurzschlußsicherheit der Anordnung von der Durchschlagsfestigkeit des Drehkondensators unabhängig machen, so empfiehlt sich der Einbau eines weiteren in Abb. 3 gestrichelt gezeichneten Blockkondensators von 5000 bis 10 000 cm (auf den genauen Wert kommt es keineswegs an).

Der Anodenwiderstand hinter der ersten Röhre soll möglichst ein veränderlicher Hochohmwiderstand sein, da die Leistungsfähigkeit des Apparates von dessen genauem Wert mit abhängt. Selbstverständlich wird dieser Widerstand, der tunlichst von 0,1 bis 2,5 Megohm regulierbar sein soll, nur einmal eingestellt, um seinen Wert dann zu behalten; er macht die Bedienung des Apparates also keineswegs komplizierter. Nur beim Einsetzen einer neuen Audionröhre ist er wieder nachzuregulieren.

Vorhin wurde gesagt, daß der einfache Widerstandsempfänger einem rückgekoppelten Gerät aus Gründen der Tonreinheit vorzuziehen ist. Auf die Schaltung Abb. 3 findet diese Behauptung keine Anwendung, da dieser Apparat auch ohne Rückkopplung arbeitet (man braucht nur die Rückkopplungsspule herausziehen oder den Rückkopplungskondensator auf Null stellen) und deshalb zunächst die gleichen Leistungen besitzt, wie der normale Widerstandsempfänger ohne Rückkopplung. Bei eingeschalteter Rückkopplung gibt er aber eine größere Leistung; er läßt also noch vieles erreichen, wenn der einfache Widerstandsempfänger bereits am Ende seiner Leistungen angelangt ist. Der geringe Aufwand einer dritten Spule und eines einfachen Drehkondensators lohnt sich also sehr, da man hierdurch den ursprünglichen Empfänger sehr verbessert, ohne gleichzeitig, wie so oft, irgend etwas zu verschlechtern.

An dieser Stelle soll noch darauf hingewiesen werden, daß sich nach Schaltung Abb. 3 sehr leicht ein vorzüglicher transportabler Kleinempfänger herstellen läßt, den man gut insofern als Reiseempfänger betrachten darf, als man ihn in die Sommerfrische oder zum Wochenendaufenthalt mitnehmen kann. Er ist anspruchslos, denn er kommt mit einer einfachen Behelfsantenne aus und benötigt zu vorübergehendem Empfang, wie in der Sommerfrische zumeist nur erwünscht, als Heizstromquelle nur Trockenelemente, vorausgesetzt, daß Miniwattröhren Verwendung finden. Abb. 5 zeigt, wie sich ein solcher Empfänger in kleinen Ausmaßen herstellen läßt.

Der Widerstandsempfänger mit drei Röhren der Normalschaltung befriedigt oft auch in anderer Beziehung nicht. Man
klagt zuweilen, besonders in unmittelbarer Nähe des Senders,
wenn sich große Lautstärken ergeben, über verzerrte und schlechte
Wiedergabe. Die Ursache hierfür ist bekannt; sie ist in einer Über-
steuerung der zweiten, zuweilen auch der dritten Röhre zu suchen.
Die erste wie die zweite Röhre sind sog. Spannungsverstärker-

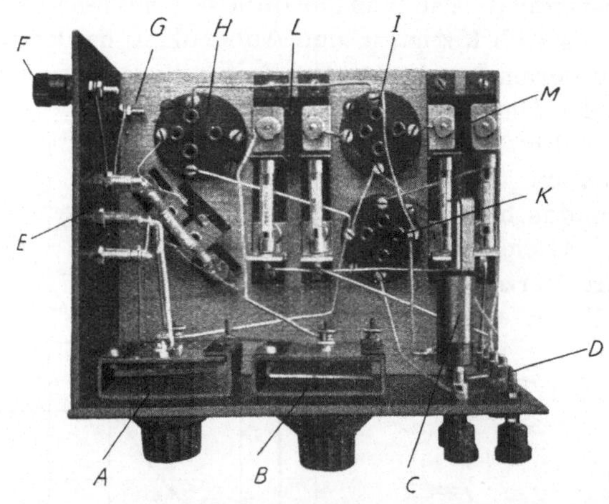

Abb. 5. Innenansicht eines selbstgebauten Widerstandsempfängers nach Schaltung Abb. 3
mit Kondensatoren der Abb. 4. *A* Abstimmkondensator. *B* Rückkopplungskondensator,
C Heizwiderstand, *D* Batterieklemmen, *E* Steckbuchsen für die Spulen, *F* Antennen-,
G Erdklemme, *H, I, K* Röhrenfassungen, *L, M* Kopplungsglieder, bestehend aus Anodenwiderstand, Blockkondensator und Gitterwiderstand.

röhren mit sehr geringem Durchgriff (2,5 bis 4%). Diese Röhren
besitzen bei der Verwendung hoher Anodenwiderstände, wie sie
heute üblich sind, nur äußerst schmal verlaufende Arbeits-
bereiche. Bei verschiedenen Typen überdeckt der geradlinig verlaufende Teil der Arbeitskennlinie nur ein Gitterspannungsbereich
von 2 Volt. 4 Volt ist bei den meisten 3 und 4%-Röhren das
Maximum. Es ist ganz klar, daß diese Röhren, wenn sie sich in
der zweiten Stufe eines Verstärkers befinden, übersteuert werden
müssen, sobald die Eingangsenergie groß, der Abstand der Empfangsanlage vom Sender also gering ist, und eine bedeutende
Verzerrung der Darbietung ist die notwendige Folge. Sie kann
verhindert werden, wenn man in die zweite Stufe des Verstärkers
eine Röhre mit 6 oder 8 oder 10% Durchgriff einsetzt, wie sie uns

2*

ebenfalls in zahlreichen Typen zur Verfügung stehen. Bei diesen
Röhren ist das Durchsteuerungsbereich bedeutend größer, die
Verstärkung geschieht also selbst bei ansehnlichen Eingangs-
energien noch unverzerrt. Selbstverständlich ist die Verstärkungs-
ziffer pro Stufe bei größerem Durchgriff der Röhren kleiner, das
spielt aber keine Rolle, wenn man es mit so großen Eingangs-Ener-
gien zu tun hat. Häufig ist auch die letzte — Lautsprecher- —
Röhre übersteuert. Man kann das ohne weiteres beobachten, wenn
man, wie es Abb. 6 zeigt, in den Anodenkreis der letzten Röhre
ein Milliamperemeter schaltet. Der Zeiger dieses Instrumentes muß
während des Empfanges voll-
kommen ruhig, unbeweglich,
stehen bleiben. Schwankt er,
so ist das das beste Zeichen,
daß ein Gleichrichtereffekt
und damit Verzerrungen auftreten. Kann das Schwan-

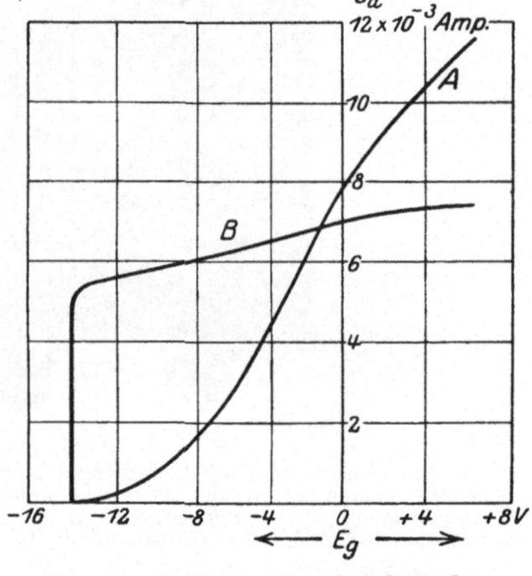

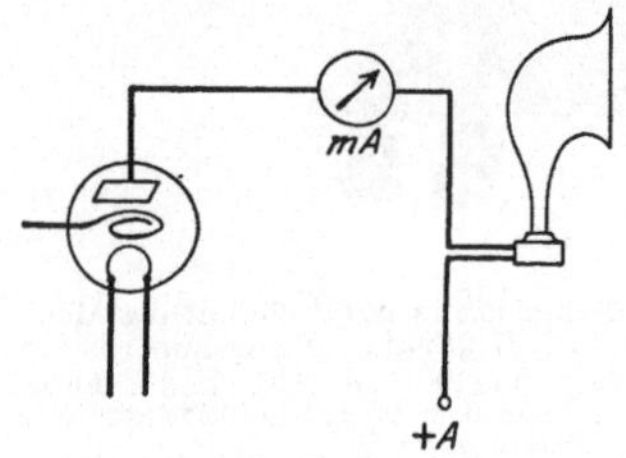

Abb. 6. Einschaltung eines Milli-
amperemeters mA in den Anodenkreis der letzten Röhre zur Kon-
trolle der Aussteuerung.

Abb. 7. Statische (A) und Arbeitscharakteristik (B) einer gashaltigen Röhre
R_a = 2850 Ohm, R_g = 3 Megohm.

ken durch die Wahl einer anderen — meist negativeren —
Gitterspannung oder durch die Erhöhung der Anodenspannung nicht beseitigt werden, so ist die letzte Röhre zu klein;
sie muß dann durch eine solche höherer Emission ersetzt
werden.

Die Ursache der Gleichrichtung der letzten Röhre kann auch
im Gitterstrom und der daraus sich ergebenden Ablenkung der
Anodenstromkurve bei großen Gitterwiderständen liegen. Diese
Ursache ist bislang gar nicht beachtet worden; sie zeigte sich erst
deutlich, als M. v. Ardenne seine indirekte Methode zur Messung
von Gitterströmen angab. Nimmt man z. B. die Charakteristik

einer Röhre einmal bei einem Gitterwiderstand von 0 Ohm und dann bei einem solchen von etwa 3 Megohm auf — dieser Widerstandswert ist als Ableitungswiderstand in Widerstandsverstärkern üblich — so erhält man dann, wenn die Röhre Gasreste besitzt und demzufolge ein positiver Gitterstrom fließen kann, zwei völlig abweichende Kurven, so z. B. die der Abb. 7. A ist die statische Kurve bei einem Gitterwiderstand von 0 Ohm, B die Arbeitskurve (Lautsprecherwiderstand = 2850 Ohm) bei einem Gitterwiderstand von 3 Megohm. Die Arbeitskurve verläuft in diesem Fall fast wagerecht, so daß nur eine völlig unerhebliche Verstärkung der Fall sein kann, ebenso gering ist die von dieser sog. Lautsprecherröhre abgegebene Anoden-Wechselleistung. Die Kurve nähert sich immer mehr der statischen, je geringer man den Gitterwiderstand wählt. Verfügt man über eine solche Röhre, so ist es vorteilhaft, mit dem Gitterwiderstand möglichst weit herunterzugehen; damit nimmt natürlich auch

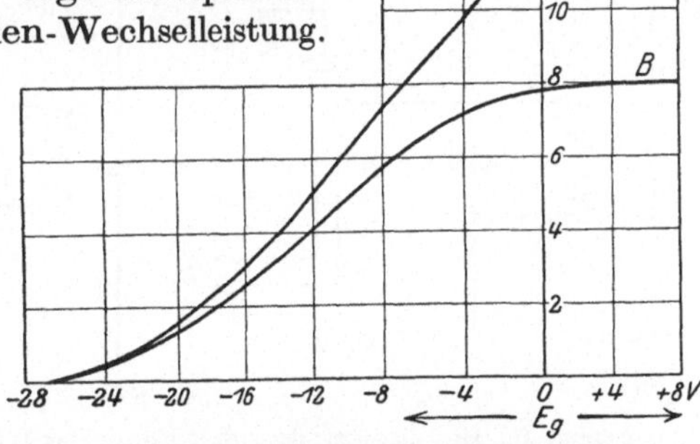

Abb. 8. Statische (A) und Arbeitscharakteristik einer Hochvakuumröhre. R_a = 2850 Megohm, R_g = 3 Megohm (RE 504).

die Verstärkung ab. Besser ist es, diese Röhre ganz herauszuwerfen und eine Hochvakuumröhre in Anwendung zu bringen, die dieses ungünstige Verhalten nicht zeigt. Abb. 8 bringt z. B. die unter gleichen Umständen aufgenommenen Charakteristiken einer Hochvakuum Lautsprecherröhre. Abhilfe schafft aber auch, wie erwähnt, die Wahl eines wesentlich kleineren Gitterwiderstandes. Gerade hier empfiehlt sich die Benutzung eines regulierbaren Widerstandes, um sich der jeweils zur Verwendung kommenden Röhre bestens anpassen zu können. Die Größe 0,1 bis 2,5 Megohm ist angebracht.

Der Einbau regulierbarer Hochohmwiderstände in Widerstandsverstärker stellt keineswegs eine Komplizierung der Bedienung dar; diese Widerstände werden vielmehr nur einmal, bei der **Einregulierung des Gerätes**, genau eingestellt, also so einreguliert, daß die Wiedergabe am befriedigendsten ist; danach bleiben sie ein für allemal stehen und erfahren nur eine Nachregulierung, wenn eine Auswechselung der Röhren vorgenommen wird. Mit Hilfe der regulierbaren Hochohmwiderstände, die natürlich nur in erster, ihre Konstanz dauernd beibehaltender Qualität benützt werden dürfen, können wir an jeder Stelle der Schaltung den günstigsten Widerstandswert zur Anwendung bringen und so die höchste Leistung des betreffenden Gerätes erzielen.

Der normale Widerstandsempfänger hat eine als Anodenstromgleichrichter geschaltete Röhre, d. h. die Gleichrichtung

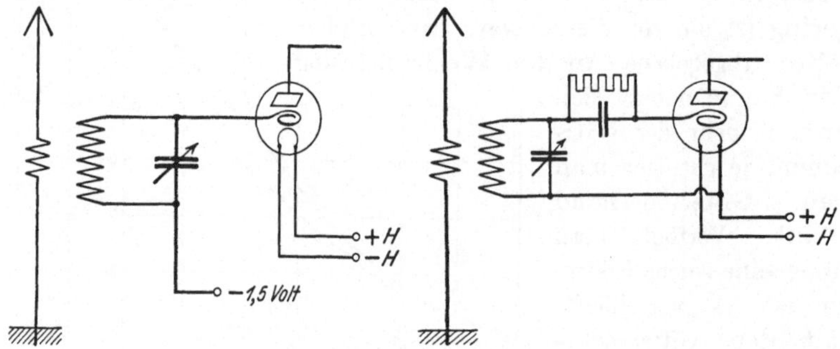

Abb. 9a und b. Die Schaltung der ersten Röhre des Widerstandsempfängers als Anodenstromgleichrichter (*a*) und als Audion (*b*).

wird nicht wie beim Audion durch den Gitterstrom bewirkt, sondern durch den Anodenstrom. Es ist hier nicht möglich, zu sagen, die eine oder die andere Art der Gleichrichtung ist die bessere. Sie sind etwa gleichwertig, und die Überlegenheit der einen oder anderen müßte von Fall zu Fall festgestellt werden. Da der Unterschied aber gar nicht erheblich ist, kann das dem Bastler nicht empfohlen werden. Nur in manchen Fällen, die Eigenschaften der Röhre spielen eine große Rolle, läßt sich mit der einen Art der Gleichrichtung eine sehr schlechte, mit der anderen aber eine weit bessere Lautstärke erzielen. Wenn man also mit der Funktion der ersten Röhre eines Widerstandsempfängers unzufrieden ist, gehe man von der einen Schaltung zur anderen über; die beiden Arten sind in Abb. 9a und b gezeigt. Es ist nur die erste Röhre gezeichnet; die Schaltung geht hinter dieser genau so wie in Abb. 3 weiter.

Wird nicht ein Widerstandsempfänger, sondern ein normaler Rückkopplungsempfänger mit transformatorisch angekoppelter Niederfrequenzstufe benutzt, und hat man über plötzliches und hartes Einsetzen der Rückkopplung zu klagen, so daß frühzeitig Pfeiftöne und Verzerrungen auftreten und man die volle Lautstärke gar nicht einstellen kann, so empfiehlt es sich sehr, die vorgesehene induktive Regulierung der Rückkopplung aufzugeben und zu einer kapazitiven Regelung überzugehen, also die Schaltung zu benutzen, die man nach Reinartz wie nach Leithäuser benennt. Es gibt nur sehr wenige Spulenhalter und Spulenformen, die eine so feine Änderung der Spulenentfernung und damit eine so feine Regulierung der Kopplung zulassen, daß wirklich das gewünschte weiche Einsetzen der Schwingungen erzielt wird. Meist lassen sich die Spulen nur mehr oder weniger ruckweise bewegen, und es ist gar nicht möglich, den Empfänger an den Punkt zu bringen, der sich unmittelbar vor der Erregung befindet und der allein größte Lautstärke und Empfindlichkeit garantiert. Nimmt man die Rückkopplungsregulierung dagegen auf kapazitivem Wege vor, so sind die geschilderten Schwierigkeiten in der Regel nicht mehr vorhanden. Die Empfangsleistungen werden dadurch nicht unwesentlich verbessert. Es ist immer möglich, einen Empfänger, bei dem induktive Regulierung der Rückkopplung vorgesehen ist, so umzuändern, daß die Regulierung nunmehr durch einen Drehkondensator vorgenommen werden kann. Soll ein neuer Empfänger gebaut werden, so stellt sich dieser einfacher in der Herstellung und billiger, wenn an Stelle der induktiven kapazitive Rückkopplungsregulierung vorgesehen wird. Die Schaltung entspricht genau der Schaltung der ersten Röhre in Abb. 3. Als RK-Kondensator benutzt man zweckmäßig den billigen Quetschkondensator der Abb. 4. Die Spulen sind am besten Steckspulen, da man mit diesen auf einfachste Weise die für einen bestimmten Wellenbereich günstigsten Windungszahlen ausprobieren kann. Die genaue Windungszahl läßt sich hier höchstens für die Gitterspule L_2 angeben, da diese außer von der Spulenform und der Drahtstärke nur von der Wellenlänge (bei bestimmter Kondensatorkapazität) abhängig ist. Benützt man eine der üblichen Ledion-Steckspulen, so sind 40 oder 60 Win-

dungen am Platze. Die Windungszahl der Antennenspule ist dagegen in großem Maße von den elektrischen Konstanten der Antenne und Erdleitung, die der Rückkopplungsspule von den
Eigenschaften der Röhre und der Kapazität des Rückkopplungskondensators abhängig. Beide Windungszahlen sind auszuprobieren. Die Spulen selbst werden dicht nebeneinander angeordnet;
der übliche Dreifach-Schwenkspulenhalter ist hierfür überflüssig.

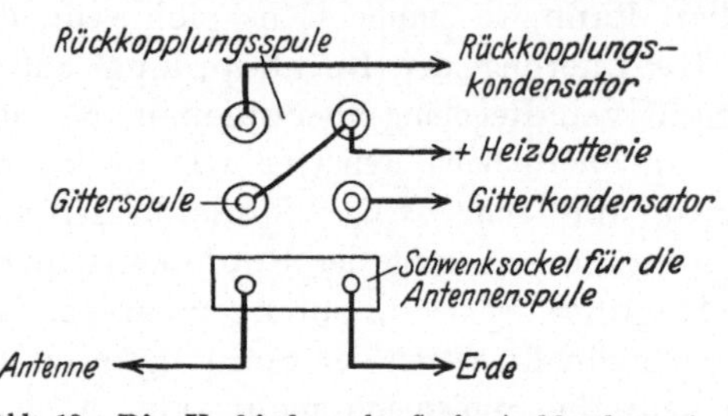

Abb. 10. Die Verbindung der Spulensteckbuchsen in
Schaltung Abb. 3 mit den übrigen Teilen des Empfängers.

Es ist nur empfehlens-
wert, die Antennenspule
auf einem Schwenksok-
kel anzubringen, damit
deren Entfernung von
der zweiten Spule ge-
ändert werden kann, um
die günstigste Selektivi-
tät zu erzielen. Abb. 10
gibt an, wie die einzel-
nen Steckbuchsen, die in

einer Isolierplatte anzubringen sind, mit den Teilen der Schaltung
verbunden werden müssen, um den Rückkopplungseffekt zu erzielen; hierbei ist vorausgesetzt, daß alle drei Spulen den gleichen
Wicklungssinn haben.

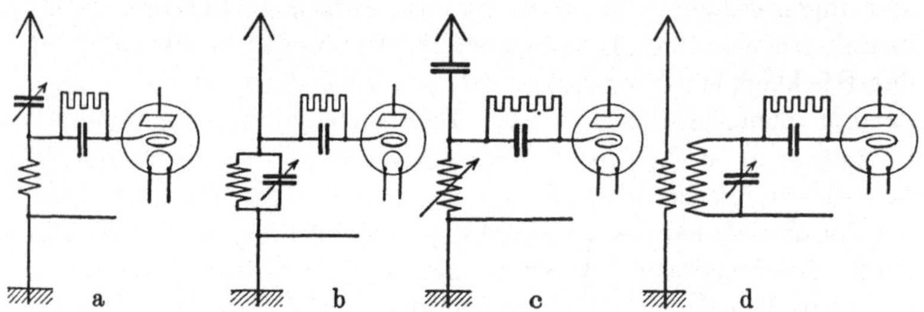

Abb. 11a bis d. Gebräuchliche Antennenschaltungen. d = am empfehlenswertesten.

Die in Abb. 3 wie in Abb. 9 gezeigte Art der Antennenschal-
tung ist die selektivste und in jeder Beziehung empfehlenswerteste.
Sie läßt nicht nur die Abstimmschärfe bedeutend erhöhen, sondern
entzieht vor allem den Abstimmkreis dem Einfluß der Antenne.
Ein und denselben Sender wird man also stets bei etwa der gleichen
Kondensatorstellung empfangen, gleichgültig, was für eine Antenne

man benutzt. In dieser Schaltung überdeckt man ferner mit gegebenem Kondensator den größten Wellenbereich, und schließlich ist die Strahlung bei fester Rückkopplung geringer als bei abgestimmter Antenne. Besitzt ein vorhandener Apparat eine andere Antennenschaltung, etwa die in Abb. 11 a bis c angegebenen, so ist es immer empfehlenswert im Interesse besserer Leistung, diese Schaltung so abzuändern, daß die in Abb. 11 d gezeigte entsteht.

Erkundigt sich der Rundfunkteilnehmer beim Händler, welche Röhre für die Audionfassung empfehlenswert wäre, so erhält er in der Regel eine solche mit 0,06 Amp. Heizstrom, einer Emission von wenigen Milliamp. und einer Steilheit von weniger als 0,5 mA/V genannt. Gegen die Verwendung derartiger Röhren ist an sich nichts einzuwenden; die Leistungen eines Apparates werden aber bedeutend besser, wenn man an Stelle dieser Miniwattröhre eine sog. Lautsprecherröhre benutzt, also eine Type, die wohl 0,15 bis 0,2 Amp. Heizstrom verbraucht, die aber mit ihrer weit größeren Emission und ihrer zwei- bis vierfach so großen Steilheit eine weit größere Lautstärke und Tonfülle liefert. Betreibt man einen Einröhren-Audionempfänger, so sollte man grundsätzlich nur eine solche Röhre benutzen, auch dann noch, wenn eine weitere Niederfrequenzstufe dahintergeschaltet ist. Im Weichbild der Sendestädte muß man an einigermaßen guter Antenne mit dem Einröhren-Audiongerät, mit einer Lautsprecherröhre ausgerüstet, leidlichen Lautsprecherempfang bekommen.

In dieser Erkenntnis, daß als Audionröhre eine solche besonders großer Steilheit erwünscht ist, andererseits der erhebliche Heizstromverbrauch der Lautsprecherröhren nur ungern in Kauf genommen wird, sind in jüngster Zeit Spezial-Audionröhren erschienen, von denen die Valvo-Röhre A 408 bemerkenswert ist; sie besitzt bei einem Heizstromverbrauch von nur 0,08 Amp. und einer Heizspannung von 3,4 bis 4 Volt eine Steilheit von max. 2 mA/V bei einem Durchgriff von 6,6% und einer Emission von 30 mA.

Unter dem Kennzeichen „Low loss" sind eine ganze Reihe von Einzelteilen speziell für Rückkopplungsempfänger in den Handel gebracht worden, die infolge der bei ihnen auf ein Mindestmaß herabgesetzten Verluste die Leistung des Gerätes bedeutend steigern sollen. Dem ist aber nicht immer so, und die Verwendung derartiger mehr oder weniger geschickt aufgemachter Neuheiten bringt zuweilen nicht nur keine Vorteile, sondern nur Nachteile, zum mindesten solche für die Kasse des Funkbastlers, die hierdurch übermäßig belastet wird. Es ist sehr am Platze, die Spulen eines Rückkopplungsempfängers so verlustfrei wie möglich aufzubauen. Am besten ist hier die Zylinderspule, wie auch neueste Versuche und Messungen wieder erwiesen haben; ihre Eigenschaften sind am günstigsten, wenn sie nicht auf ein volles Papprohr, sondern auf einen Körper gewickelt wird, der aus zwei Ringen besteht, zwischen denen Isolierstäbe angebracht sind; auf diesen Stäben ruht die zylinderförmige Wicklung, die dadurch zum größten Teil „auf Luft" liegt. Abb. 12 zeigt eine derartige Spule amerikanischer Herkunft. Um dem Bastler die Herstellung

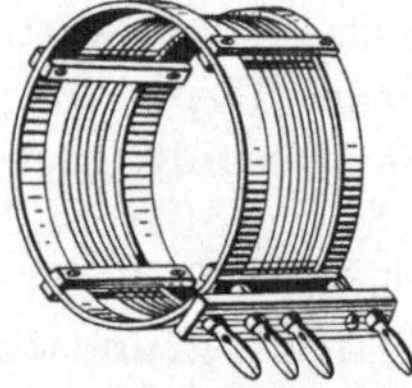

Abb. 12. Zylinderspule günstigster elektrischer Eigenschaften mit „auf Luft" liegenden Windungen.

Abb. 13. Hartgummi-Rippenrohr zur Herstellung verlustarmer Zylinderspulen (Roland-Werk A.-G.).

von verlustlosen Zylinderspulen und zylinderförmigen Hochfrequenztransformatoren so einfach als möglich zu machen, ist von der Industrie Hartgummi-Rippenrohr herausgebracht worden; die Ausführung desselben ist aus Abb. 13 ersichtlich. Die Drahtwindungen berühren den Wicklungskörper nur an den sehr schmalen Flächen der Rippen und besitzen sonst Luftisolation gegeneinander.

So groß die elektrischen Vorteile der Zylinderspule sind, so bedeutend sind jedoch ihre Nachteile anderer Art, die vor allem darin bestehen, daß man eine Auswechselung wie eine gegenseitige Abstandsänderung zum Zweck einer variablen Kopplung nur äußerst schwer erzielen kann. Man ist deshalb gezwungen, die günstigsten Windungszahlen und Spulenabstände genau auszuprobieren. Deshalb ist es zuweilen besser, hier Zugeständnisse an die elektrische Hochwertigkeit zu machen und Steckspulen zu benutzen, die die am leichtesten zu handhabenden Spulen darstellen. Eine gute Lösung stellen die sog. Low Loss-Koppler dar, von denen Abb. 14 ein Ausführungsbeispiel zeigt. Durch die Verwendung derartiger Koppler kann man die Leistungsfähigkeit einer Rückkopplungsschaltung wirklich bedeutend steigern, man beraubt sich nur der Möglichkeit eines leichten Wellenwechsels und bei manchen Konstruktionen auch die einer bestmöglichsten Anpassung der Antenne. Von manchen Seiten werden Luftblockkondensatoren als besonders vorteilhaft für die Gitterblockkombination empfohlen. Ihre Verwendung bringt gegenüber dem guten Glimmerkondensator jedoch keinerlei Vorteil, denn an dieser Stelle würde selbst ein Kondensator nicht nachteilig wirken, dessen Isolationswiderstand nicht sehr hoch liegt, denn der Gitterkondensator wird bekanntlich durch einen Ableitungswiderstand von 1 bis 2 Megohm überbrückt.

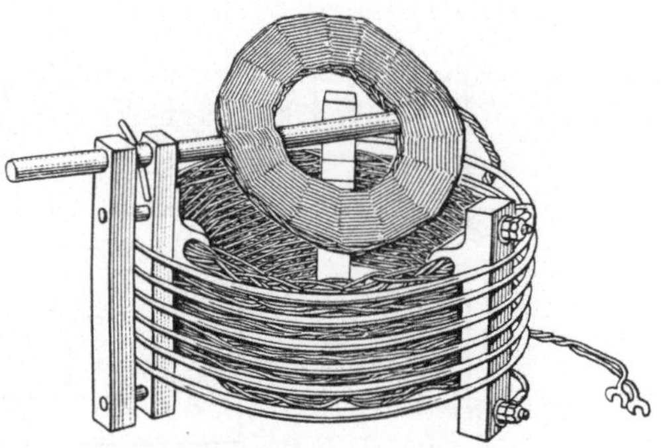

Abb. 14. Low Loss-Koppler.

Es ist deshalb abwegig, für diesen Zweck die besonders teuren Luft-Blockkondensatoren zu verwenden, dagegen sind diese in Abstimmkreisen parallel zu einem Drehkondensator angebracht, um durch Zu- und Abschaltung der Kondensatoren einen größeren Wellenbereich zu überbrücken, als es allein mit dem Drehkondensator möglich wäre. Empfehlenswert ist es dagegen, an Stelle des festen Gitterwiderstandes einen regulierbaren zu wählen.

Schaltungen mit kapazitiver Rückkopplungsregulierung erfordern, wenn sie nicht die Eingangsstufe eines Widerstandsempfängers (Abb. 3) darstellen, eine Drossel im Anodenkreis, die verhindern muß, daß Hochfrequenz ans Telephon oder in den Niederfrequenztransformator gelangt. Diese Drossel kann in manchen Fällen eine normale Telephonspule ohne Eisen sein, soll besser aber eine Spezialdrossel darstellen, wie sie von ver-

schiedenen Seiten in sorgfältiger Scheibenwicklung in den Handel
gebracht wird. Eine gut arbeitende Drossel erhält man auch,
wenn man auf einen Isolierstab von 10 bis 15 mm Durchmesser
etwa 500 Windungen eines 0,1 mm starken Konstantandrahtes,
emailliert, aufbringt, wobei sorgfältig Windung an Windung zu
wickeln ist. Die Drossel muß mit einem Ende direkt an der Anode,
mit dem andern an dem anodenseitigen Anschluß des Telephons
oder Niederfrequenztransformators liegen.

Für den Empfang des Ortssenders mit Hilfe von Doppelröhren-
Schaltungen hat sich noch keine Normalschaltung heraus-
entwickelt, wie wir sie in der Rückkopplungsschaltung und im

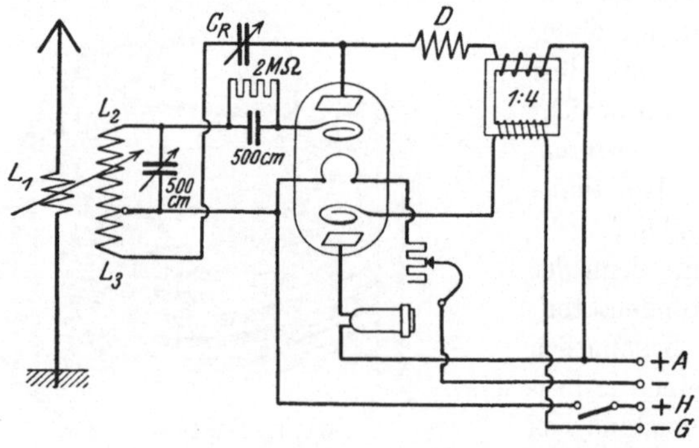

Abb. 15. Doppelröhren-Rückkopplungsempfänger mit Einfach-Niederfrequenzverstärkung.

Widerstandsempfänger besitzen, hier werden vielmehr ganz
verschiedene Schaltungsprinzipien benutzt. In erster Linie ist
die Schaltung der Abb. 15 gebräuchlich; es ist gleichzeitig die,
die auch dem Bastler und Rundfunkteilnehmer für den Selbstbau
oder für die Umänderung von Doppelröhrengeräten für den
Ortsempfang am ehesten empfohlen werden muß. Diese Schaltung
entspricht vollkommen dem normalen Rückkopplungsaudion mit
kapazitiver Regulierung der Rückkopplung und nachfolgender
Niederfrequenzverstärkung. Sie ist ihm in der Leistungsfähigkeit
genau gleich, in der Bedienung identisch, nur eben im Aufbau
billiger, da eine Doppelröhre weniger kostet als zwei Einfachröhren, und da ferner ein Heizwiderstand und eine Röhrenfassung
fortfallen. Sonst besteht zwischen dieser Schaltung und der mit
zwei Einfachröhren nicht der geringste Unterschied, und alles

das, was über die Einfachröhren-Rückkopplungsschaltung gesagt ist, findet in genau gleicher Weise auf die Doppelröhrenschaltung Anwendung. Besonders empfehlenswert ist sie natürlich für den Bau von Reiseempfängern, da man durch sie doch beträchtlich

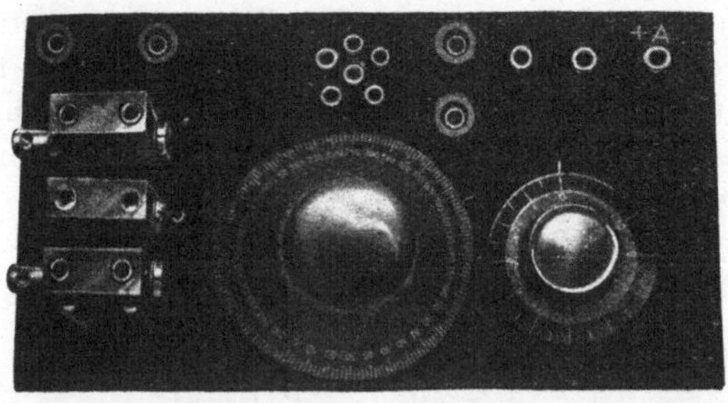

Abb. 16. Vorderansicht eines Doppelröhren-Reiseempfängers.

an Platz sparen kann. Abb. 16 und 17 bringen einen derartigen Reiseapparat, der aus persönlichen Gründen aber induktive Rückkopplungsregulierung erhielt, in der Vorder- und Rück-

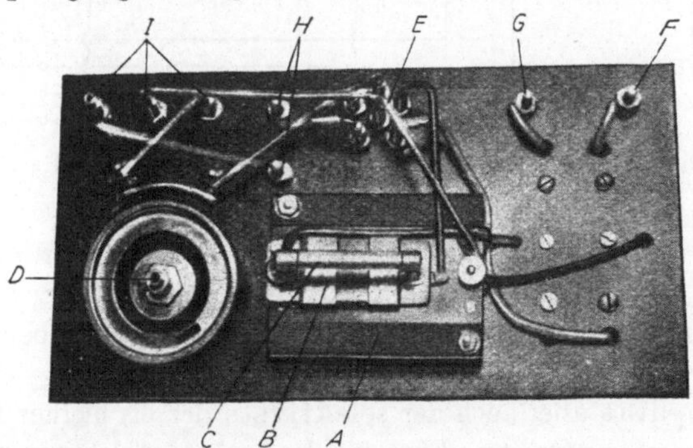

Abb. 17. Rückansicht des Reiseempfängers der Abb. 16. A Abstimmdrehkondensator, B Gitterkondensator mit Gitterwiderstand C, D Heizwiderstand, E Röhrenfassung, F Antennen-, G Erdklemme, H Telephon-, I Batterieklemmen.

ansicht der Frontplatte. Der Niederfrequenztransformator ist nicht sichtbar; er wurde in den Kasten eingebaut und durch flexible Leitungen mit der Schaltung verbunden. Der Apparat ist nicht größer als 12 × 12 × 21 cm, er erhielt Kofferdeckel und hat sämtliche Teile in seinem Innern, so daß die Wände des Kastens trotz der kleinen Abmessungen völlig glatt sind.

Eine weitere sehr empfehlenswerte Doppelröhrenschaltung bringt Abb. 18. Hier arbeitet die eine Hälfte der Doppelröhre zunächst als Hochfrequenzverstärker, dann findet die Demodulation in einem Kristalldetektor statt, und zum Schlusse wird in der zweiten Röhrenhälfte die Niederfrequenzverstärkung der Empfangsenergie vorgenommen. Die Leistung des Gerätes unterscheidet sich nicht von dem der Abb. 15; da aber eine Rückkopplung nicht vorhanden ist, ist die Wiedergabe sauberer, auch besteht nicht die Möglichkeit einer Strahlung nach außen. Dagegen wird der Aufbau teurer, der Apparat größer, denn man

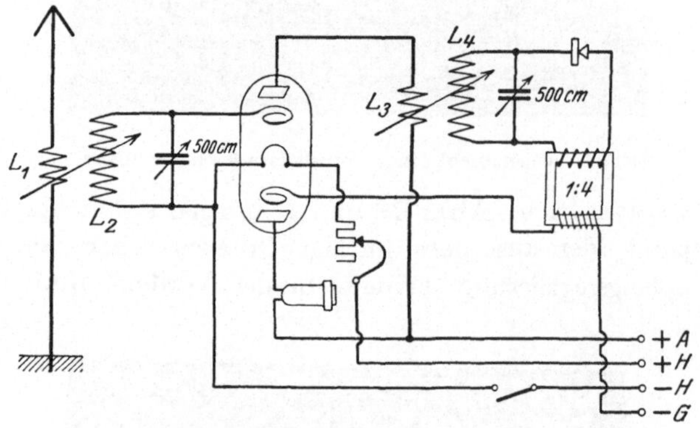

Abb. 18. Empfangsgerät mit Doppelröhre: 1 HF + Detektor + 1 NF.

benötigt zwei Drehkondensatoren und zwei Spulengruppen, die, wenn die üblichen Steckspulen mit Ledionwicklung zur Verwendung kommen, einen Abstand von mindestens 25 cm haben müssen, damit keine unerwünschten Kopplungen entstehen. Dafür ist dieser Apparat aber auch der selektivste der bis hierher beschriebenen Empfangsgeräte. Eine noch bessere Selektion bekommt man, wenn an Stelle der einfachen Hochfrequenzverstärkung eine Gegentakt-Hochfrequenzverstärkung angewendet wird. Die diesbezügliche Schaltung bringt Abb. 19. Die Doppelröhre erhält gleichzeitig an beiden Gittern Hochfrequenzspannungen vom ersten Schwingungskreis, die aber um 180° in der Phase verschoben sind. Die Hochfrequenzverstärkung geschieht deshalb im Gegentakt, und im Anodenkreis setzen sich die Amplituden wieder sinngemäß zusammen, werden durch den Kristalldetektor gleichgerichtet und dann durch dieselbe Röhre als niederfrequente Energien noch einmal verstärkt. Für die Niederfrequenz arbeitet die Doppelröhre jedoch nicht wieder im Gegentakt, sondern jetzt sind beide Röhrenhälften parallel geschaltet, und die Verstärkung geht auf einer Anodenstromkennlinie vor sich, die die doppelte Steilheit der Anodenstromkurve einer Röhrenhälfte besitzt, sie ist also außerordentlich kräftig. Diese Schaltung kann ich besonders empfehlen, nur verlangt sie größte Sauberkeit und Sorgfältigkeit in der Herstellung der Hochfrequenztransformatoren und im gesamten Aufbau. Gegentakt-Hochfrequenztransformatoren mit

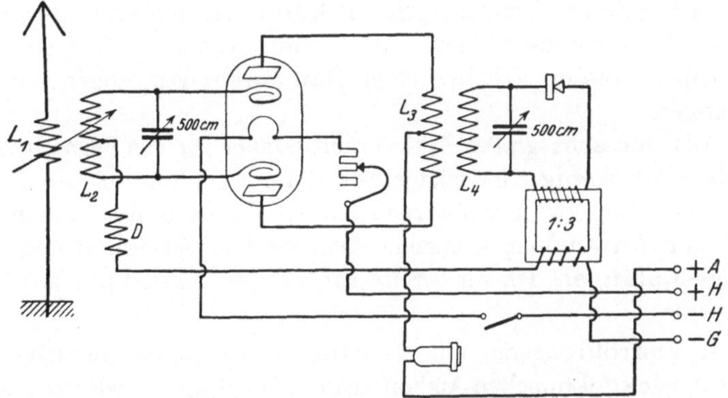

Abb. 19. Doppelröhren-Gegentaktempfänger.

genauer Mittenanzapfung sind im Handel nicht erhältlich; der Bastler muß sie also selbst herstellen. Für den Rundfunkwellenbereich gilt folgendes Rezept: Wickelkörper = Pertinaxrohr von 60 mm Durchmesser und 75 mm Länge; Drahtmaterial = 0,3 mm Kupferdraht 2 × Seide; 15 mm von der Oberkante beginnend werden zunächst genau 25 volle Windungen, Windung muß dicht neben Windung liegen, aufgebracht, dann Anzapfung und weitere 25 volle Windungen. Diese Spule von insgesamt 50 Windungen mit genauer Mittenanzapfung ist die Sekundärwicklung. Nun folgt eine Bandage aus dünner Wellpappe genau einmal um die Sekundärwicklung herum, auf die, genau in der Mitte der darunter liegenden Wicklung, 20 Windungen mit Mittenanzapfung nach der 10. Windung gewickelt werden. Diese Spule stellt die Primärwicklung dar.

b) Der Fernempfang.

Grundsätzlich anders, als beim Orts- und Nahempfang, ist die Lage beim Fernempfang. Auch hier lassen sich wohl zahlreiche Verbesserungen durchführen; nur selten sind diese aber gleichzeitig Vereinfachungen. Während die Ortsempfangstechnik bereits soweit durchgebildet ist, daß Empfänger, auf die das Motto: Ein Knopf, ein Druck — Musik! anzuwenden ist, jederzeit gebaut werden können und auch bereits gebaut werden, lassen sich einfache Fernempfangsgeräte nur unter Überwindung erheblicher Schwierigkeiten herstellen. Von vereinfachenden Verbesserungen an vorhandenen Empfangsgeräten kann hier nur wenig die Rede sein; alle Neukonstruktionen, alle neuen Schaltungs- und Aufbauprinzipien lassen sich nur beim Bau neuer Empfänger berücksichtigen.

Aus der sehr großen Zahl verschiedener für den Fernempfang mehr oder weniger geeigneter Schaltungen haben sich im Laufe der Zeit einige wenige auskristallisiert, die heute fast ausschließlich zur Anwendung kommen. Das sind neben dem Rückkopplungsempfänger, den wir bereits im vorigen Kapitel behandelten, folgende:

1. Vierröhrengerät mit 1 Stufe Hochfrequenzverstärkung, einem rückgekoppelten Audion und zwei Stufen Niederfrequenzverstärkung,

2. Neutrodyne-Empfänger mit zwei Stufen Hochfrequenzverstärkung, einem Audion (zuweilen mit Rückkopplung) und zwei Stufen Niederfrequenzverstärkung,

3. Überlagerungs- (Superheterodyne-, Transponierungs-) Empfänger.

Zu diesen drei Typen gesellen sich dann noch die Mehrfachröhren- und Doppelröhren-Fernempfänger; die letzteren sind zum größten Teil mit den drei genannten Arten identisch und unterscheiden sich von diesen nur dadurch, daß an Stelle von Einfachröhren Doppelröhren Verwendung finden.

Zunächst ist darauf hinzuweisen, daß die im vorigen Abschnitt behandelten Geräte, und zwar der Empfänger nach Abb. 3, der Rückkopplungsempfänger mit transformatorisch gekoppeltem Niederfrequenzverstärker wie die Schaltungen Abb. 15, 18 und 19 in der Provinz gut als Fernempfänger geeignet sind. An der Freiantenne, aber auch an guten Innenantennen (z. B. Speicher- und ausgedehnten Zimmerantennen) ist mit ihnen, wenn sie über einen einwandfreien Niederfrequenzteil verfügen, sogar Lautsprecherempfang einer ganzen Reihe mitteleuropäischer Sender möglich. Ihre Selektivität ist völlig ausreichend, um dort, wo sie nicht unter dem direkten Einfluß eines nahen Senders stehen, eine Trennung der ankommenden Wellen vorzunehmen. Ihre Empfindlichkeit ist genügend groß, um an einer guten Hochantenne fast sämtliche Sender Europas zu empfangen. Die Wiedergabe ist, da hier mit einem Mindestaufwand von Röhren gearbeitet wird und wir es mit ganz klaren und sehr übersichtlich arbeitenden Schaltungen zu tun haben, erstaunlich rein und unverzerrt. In den Sendestädten sind diese Schaltungen zum Fernempfang in der Regel nicht zu gebrauchen, da sie zu wenig selektiv sind; sie sind hier nur vereinzelt angebracht, und Erfolge mit ihnen sind mehr oder weniger Zufallsleistungen. Gewiß leisten sie manches, wenn man sie an eine Hochantenne anschließt; an den Antennen, die jedoch in einer Großstadt gewöhnlich nur zur Verfügung stehen, bringen sie in der Regel keinen guten Fernempfang. Ist die Entfernung zwischen dem Nahsender und dem Empfänger nicht genügend groß, so wird sich ein Durchschlagen desselben bemerkbar machen, wenn man ferne Sender aufnehmen will. Nur die Schaltung Abb. 19 dürfte über die genügende Abstimmschärfe verfügen. Man muß immer daran denken, daß man nicht sagen kann, ein Apparat ist so und so abstimmscharf, sondern daß die Selektivität unmittelbar außer vom Apparat von der Entfernung desselben vom Nahsender, von der Energie des letzteren, von der Güte der Sendung (Schwankungen der Wellenlänge, Pendeln der Welle, Breite des Modulationsbandes), von der Art der Empfangsantenne und schließlich auch noch von den dem Empfänger benachbarten Leitungen und Metallmassen abhängig ist. Aus diesem Grunde lassen sich keine quantitativen Selektivitäts-Angaben machen, sondern es kann nur die Reihenfolge aufgezeichnet werden, die die Empfänger ihrer Selektivität nach einnehmen. Hierin ist die Schaltung Abb. 19 am vorteilhaftesten von allen bisher mitgeteilten. An zweiter Stelle ist die Rückkopplungsschaltung zu nennen, wenn sie mit Hilfe eines wirklichen Low Loss-Kopplers aufgebaut wird. Wie Radio-Amateure, die sich in entsprechender Lage zu großen Sendern befinden, des öfteren berichteten, ist es mit dem

guten Rückkopplungsaudion z. B. in 10 km Entfernung von einem
25 kW-Sender möglich, diesen gut auszuschalten. Am schlech-
testen sind in dieser Beziehung die Widerstandsempfänger ohne
Rückkopplung; schon aus Gründen der Selektivität lohnt es sich
deshalb, vorhandene Widerstandsempfänger nach der Schaltung
Abb. 3 umzubauen.

Die Selektivität eines Empfängers gegenüber dem Ortssender
kann durch die Verwendung von Siebkreisen gesteigert werden.
Wohlgemerkt, es handelt sich hier nicht um eine Erhöhung der
Selektivität im allgemeinen, sondern nur um das Unwirksam-

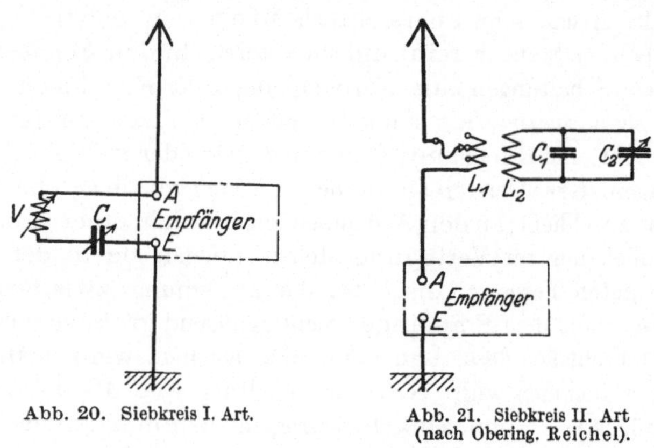

Abb. 20. Siebkreis I. Art.   Abb. 21. Siebkreis II. Art
                                    (nach Obering. Reichel).

machen der einen Welle des Ortssenders. Dazu wird ein Schwingungskreis gebraucht, der mit dem Empfangsgerät gekoppelt wird
und den man auf die Welle des Ortssenders scharf abstimmt;
die von der Empfangsantenne aufgenommene Energie des Ortssenders wird in diesem Schwingungskreis wirksam und auf
diese Weise vom Empfänger fern gehalten, in den jetzt nur
die Schwingungen ferner Sender gelangen können. Von den
zahlreichen Variationen derartiger Siebkreise sind es vor allem
zwei Ausführungen, die einigen Erfolg bringen und deren Schaltung deshalb in Abb. 20 und 21 wiedergegeben werden soll. Die
Anordnung der Abb. 20 besteht aus einem guten möglichst verlustfrei gewickelten Variometer V und dem 1000 cm-Drehkonden-
sator C, die in der gezeichneten Weise hintereinander geschaltet
und mit der Antennen- und der Erdklemme des Empfängers
verbunden werden. Will man Fernempfang treiben, so stimmt

man zunächst den Empfänger auf den Ortssender ab; dann variiert man die Einstellung von V und C so lange, bis die Lautstärke des Ortssenders ein Minimum erreicht. Hierbei ist zu bemerken, daß man wohl stets, wenn der Siebkreis auf den Ortssender abgestimmt ist, und das kann natürlich bei ganz verschiedenen Stellungen von V geschehen, wenn nur die zugehörige Kapazität eingestellt ist, ein Minimum an Empfangslautstärke erhält; die stärkste Absorption findet aber nur bei einer einzigen Stellung von V und C statt. Diese zu finden, ist Aufgabe des Amateurs. Der Siebkreis der Abb. 21 besteht aus einer verhältnismäßig kleinen kapazitätsarm gewickelten Selbstinduktionsspule L_2, die auf eine zweite nur aus wenigen Windungen bestehende Spule L_1 fest gekoppelt ist; letztere wird in die Antennenleitung geschaltet. L_2 wird durch einen Blockkondensator C_1 von etwa 2000 cm zum Schwingungskreis ergänzt. Parallel zu C_1 liegt ein Drehkondensator C_2 von 500 cm, mit dem die genaue Einregulierung des Siebkreises vorgenommen wird. Dieser Filterkreis trägt dem Gedanken Rechnung, daß es wesentlich ist, den Siebkreis möglichst verlustlos aufzubauen und daß man, da die meisten Verluste in der Spule liegen, diese möglichst klein und den zugehörigen Kondensator dann entsprechend groß halten muß. Die kleine Spule L_1 ist schließlich noch mit einigen Anzapfungen versehen, die durch einen Stufenschalter umgeschaltet werden können. Auf diese Weise ist eine mehr oder weniger feste Kopplung mit der Antenne möglich.

Eine wesentliche Steigerung der Selektivität kann man jedoch erst dann erwarten, wenn man vor das Rückkopplungsaudion eine Hochfrequenzröhre setzt und diese für sich abstimmt. Die Kopplung geschieht zweckmäßig mit Hilfe eines Hochfrequenztransformators. Diese Schaltung ist die Vorstufe der eigentlichen Neutrodyneschaltung, die nicht nur eine, sondern zwei Hochfrequenzstufen besitzt. Während sich eine Neutralisierung der Hochfrequenzröhre dann meist erübrigt, wenn nur eine Röhre in Anwendung kommt, ist sie bei zwei Hochfrequenzröhren unbedingte Notwendigkeit. Die Neutralisierung wird heute nach vielen verschiedenen Methoden vorgenommen, die sämtlich auf das gleiche hinaus wollen, nämlich dem Gitter der Hochfrequenzröhre eine kleine Gegenspannung erteilen, die die Wechselspannung, die über die innere Kapazität der Röhre aus dem Anodenkreis ans

3*

Gitter gelangt, kompensiert. Die älteste und verbreitetste Neutralisierungsmethode ist die von Hazeltine, die unsere Abb. 22 im
Prinzip wiedergibt. Mit ihr kommt der Bastler, der noch beim
ersten Empfängerdutzend ist, häufig nicht zurecht. Die Schuld
ist darin zu suchen, daß der Neutralisierungskondensator C_N nur

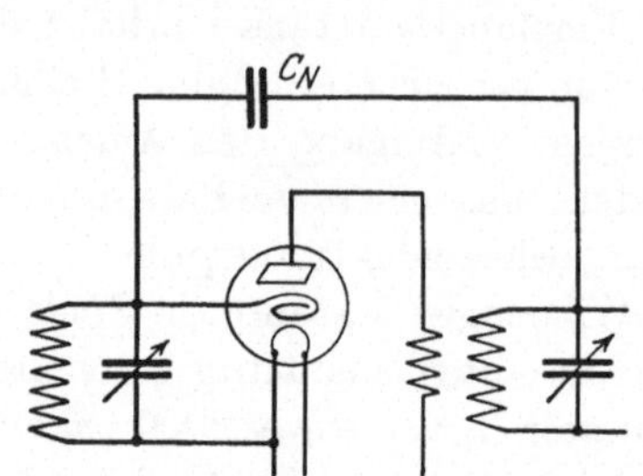

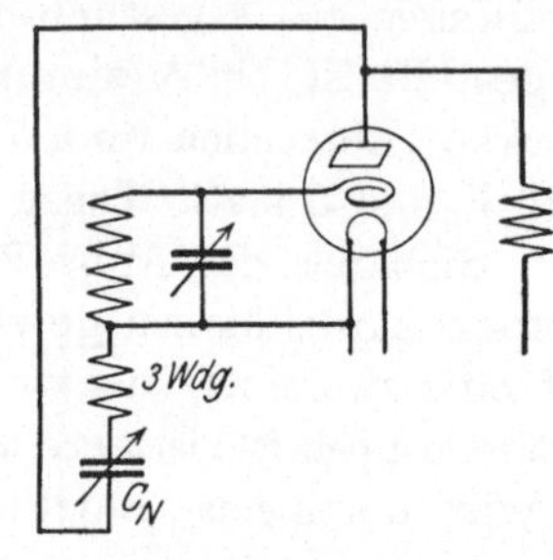

Abb. 22. Verbreitete Neutralisierungsmethode   Abb. 23. Vorteilhafte Neutralisierungs-
(nach Hazeltine).   methode des Telegraphentechnischen
                                                        Reichsamtes.

eine sehr kleine Kapazität besitzen darf, er muß so klein sein, daß
die Zuleitungen zu ihm die notwendige Kapazität oft schon über-
steigen, so daß eine Neutralisierung nicht mehr möglich ist, denn
bei der Nullstellung des Kondensators ist die eingeschaltete Kapazität bereits größer als der Sollwert. Hierin ist die im Telegraphentechnischen Reichsamt ent-
wickelte Schaltung der
Abb. 23 günstiger. Der
Neutralisierungskonden-
sator C_N soll hier einen
Maximalwert von 100 cm
haben, und die Kapazität

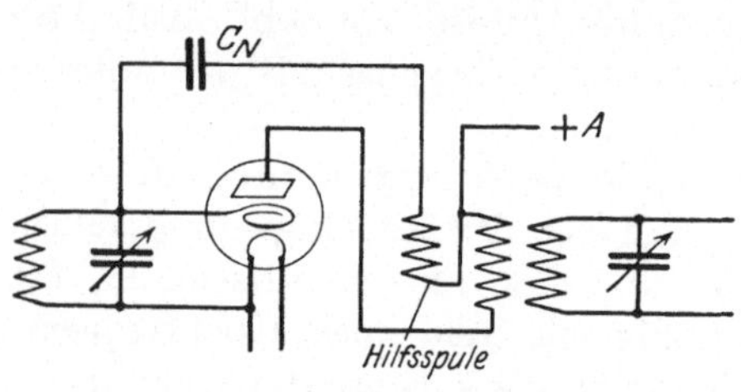

Abb. 24. Neutralisierungsmethode der
Solodyneschaltung (nach Roberts).

der Zuleitungen kann deshalb völlig vernachlässigt werden. Bei
dieser Schaltung ist somit eine weit vollkommenere Neutralisierung
möglich. Eine ebenfalls vorzügliche Neutralisierung läßt die Schaltung der Abb. 24 zu, in der als C_N ein Neutralisierungskondensator
gebraucht werden soll, dessen Minimalkapazität 1 bis 2 cm und
dessen Höchstwert etwa 30 cm beträgt. Neutrodyne-Empfänger,
die nach Hazeltine gebaut sind und sich schlecht oder gar nicht

neutralisieren lassen, werden deshalb zweckmäßig nach Abb. 23 oder 24 umgeändert; die Neutralisierung wird dann einwandfrei gelingen, das Gerät seine Höchstleistung geben.

Aber nicht nur aus dem geschilderten Grunde ist eine unzulängliche Neutralisierung möglich. Sie läßt sich oft auch dann nicht erreichen, wenn der Neutralisierungskondensator auf den notwendigen Wert einzustellen ist. Das zeigt, daß die Energieübertragung nicht durch die innere Kapazität der Röhre geschehen kann, denn diese ist ja kompensiert, sondern über andere Schaltorgane geschehen muß. Man kann in diesen Fällen ein Überkoppeln der Spulen beobachten in der Weise, daß die Kraftlinien des einen Hochfrequenztransformators auch den folgenden

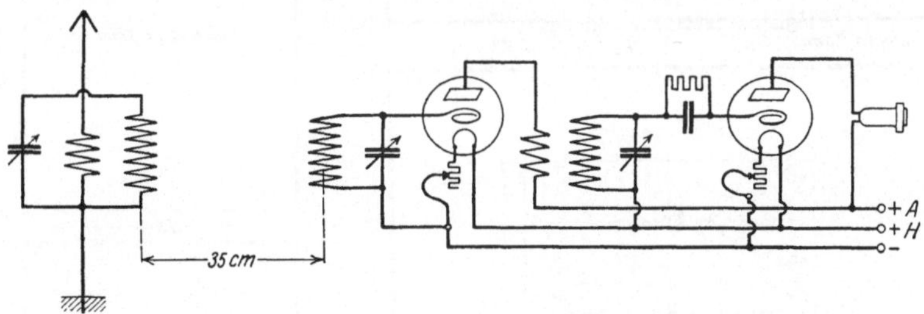

Abb. 25. Versuchsanordnung zur Ermittlung der Streuung von Ledionspulen.

schneiden, so daß eine Energieübertragung direkt zwischen den Spulen, unter Überbrückung der Röhre, stattfindet. Diese Überkopplung ist um so stärker, je größer das Streufeld der Spulen ist. Aus diesem Grunde verhalten sich Zylinderspulen kleineren Durchmessers (5 bis 6 cm) besonders günstig. Am stärksten ist das Überkoppeln bei Hochfrequenztransformatoren ledionförmiger Wicklung festzustellen. Man kann es unterbinden, wenn man den Abstand zwischen den Spulen genügend groß macht. Bei einem Versuch, der den notwendigen Abstand bei der Verwendung von Hochfrequenztransformatoren mit Ledionwicklung finden lassen sollte und der in Abb. 25 im Prinzip dargestellt ist, war ein Überkoppeln selbst bei einem Abstand von 35 cm und senkrecht zueinander gestellten Spulen noch festzustellen, und erst bei noch größeren Entfernungen hörte diese Energieübertragung direkt zwischen den Spulen auf. Da derartige Abstände für einen praktischen Apparatebau nicht in Frage kommen, denn daraus würden

sich Riesenempfänger ergeben, für die die Kästen und Frontplatten
bald mehr verschlingen würden, als die Innenteile, muß in solchen
Fällen zu einer Abschirmung der Spulen gegriffen werden. Aus
dem metallischen Schirmkasten können die Kraftlinien nicht
nach außen treten, so daß es möglich ist, derartige geschirmte
Hochfrequenztransformatoren unmittelbar nebeneinander zu
montieren, ohne daß sie sich beeinflussen. Gewiß ergeben sich
Verluste aus der Nachbarschaft des Schirmbleches; um diese
möglichst gering zu halten, und um auch den Einfluß des Schirm-
metalls auf die Abstimmung nicht zu groß werden zu lassen, soll

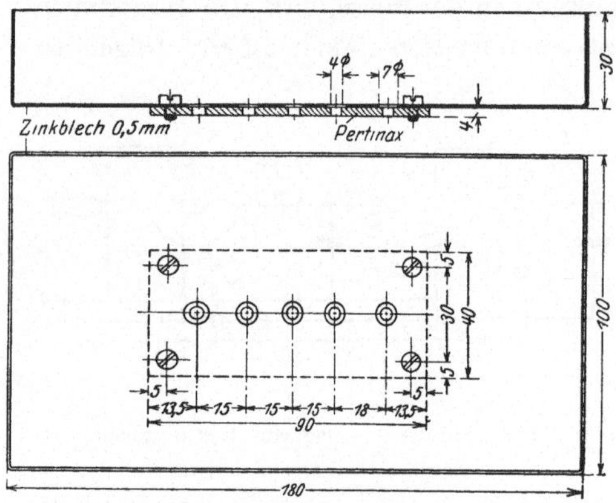

Abb. 26. Unterteil eines Abschirmkastens für den
Hochfrequenztransformator nach Abb. 28.

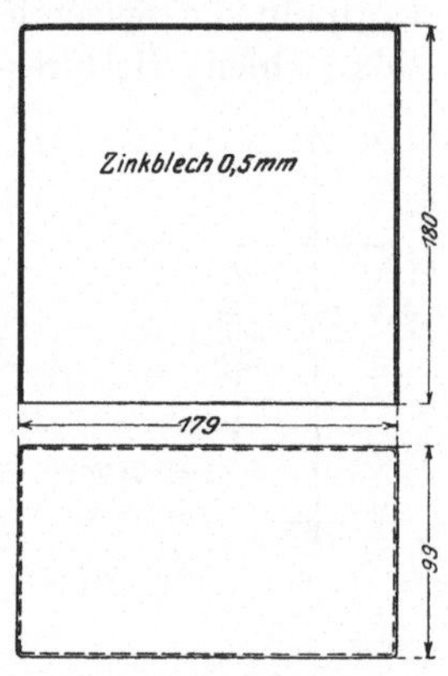

Abb. 27. Oberteil eines Abschirmkastens für den Hochfrequenztransformator nach Abb. 28.

ein bestimmter Abstand nicht unterschritten werden. Außerdem
wird man Spulen benutzen, deren Feld an sich möglichst wenig
ausgedehnt ist, also Zylinderspulen. Als bestes Schirmmaterial
hat sich Aluminium bewährt, und der günstigste Abstand
zwischen Spule und Schirmblech ist 25 mm. Der Metallschirm
muß die Spule allseitig umgeben und muß vollständig geschlossen
sein, er darf keine Schlitze und Öffnungen enthalten, mit Aus-
nahme der kleinen Durchbrechungen, die für die Durchführung
der Anschlußdrähte bzw. -stecker notwendig sind. Bei den von
der Industrie hergestellten Schirmvorrichtungen kommt ausschließlich Aluminium zur Verwendung, während dieses Material
für den Bastler weniger geeignet ist, da es sich nicht löten läßt.
Wie Versuche ergaben, kann auch Zinkblech ohne Bedenken zur

Verwendung gelangen; es hat für den Amateur den Vorteil, daß
es sich sehr leicht löten läßt. Um ein Beispiel für einen solchen
selbst zu bauenden Abschirmkasten zu geben, sei in Abb. 26 das
Unterteil und in Abb. 27 das
Oberteil für den in Abb. 28 gezeigten Transformator abgebildet.

Durch eine solche Metall-
schirmung bzw. durch die Verwendung von fabrikmäßig hergestellten abgeschirmten Hochfrequenztransformatoren kann
man die Leistung eines Neu-
trodyneempfängers erheblich
steigern, vor allem seine Abstimmschärfe verbessern, da man
ihn jetzt wirklich gut neutralisieren kann und da es außerdem
ausgeschlossen ist, daß die Spulen
direkt aus dem Raum Energie
des Nahsenders aufnehmen. Etwas wirklich Vollendetes stellt
aber auch diese Abschirmung noch
nicht dar. Auch die Leitungen, die Röhren, die Kondensatoren usw.
können sich gegenseitig beeinflussen und können Energie aus dem
Raum aufnehmen. Völlig klare und sichere Verhältnisse lassen sich

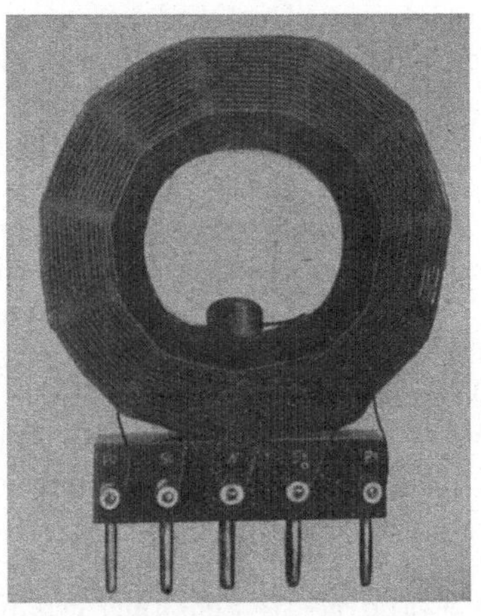

Abb. 28. Ledion-Hochfrequenztransfor-
mator, für den der in Abb. 26 und 27 gezeigte Abschirmkasten hergestellt wurde.

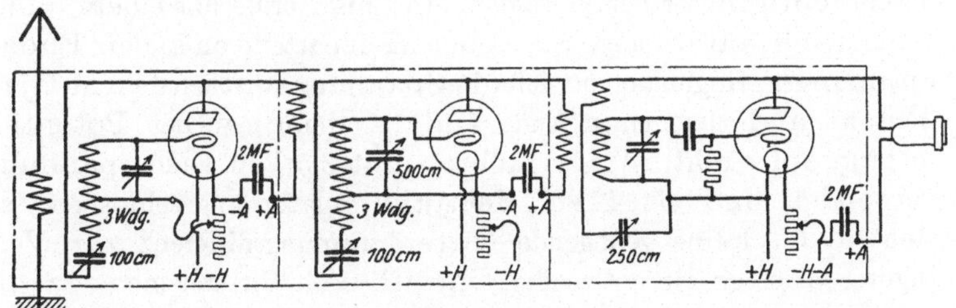

Abb. 29. Schaltung eines geschirmten Dreiröhren-Neutrodyne-Empfängers (Gerät des Telegraphentechnischen Reichsamts).

deshalb nur schaffen, wenn man auch diese Teile in die Abschirmung einbezieht. Je ein Schirmkasten hat eine Hochfrequenzstufe zu umschließen, er muß also einen Hochfrequenztrans-

formator, einen Drehkondensator, die Röhre und die notwendigen Blockkondensatoren enthalten. Eine Neutrodyneschaltung, die zwei Hochfrequenzstufen besitzt, ist so abzuschirmen, wie in Abb. 29 gezeigt; die strichpunktierten Linien deuten die Schirmwände an. Der Niederfrequenzteil ist, da unwesentlich, nicht mitgezeichnet. Soll die Schirmwirkung vollkommen sein, so muß der geringste Luftspalt im Schirm vermieden werden. Auf Seite 78 ff. wird auf abgeschirmte Hochfrequenzverstärker noch weiter eingegangen.

Als leistungsfähigster Fernempfänger wird der Superheterodyne angesprochen. Einerseits hört man seine Empfangsleistungen so sehr gepriesen, während zahlreiche andere Anfragen von Bastlern dafür zeugen, daß sie mit dem Gerät gar nicht zurechtkommen. Aus diesem Grunde sollen die kritischen Punkte, die zu beachten sind, will man den Empfänger zu besten Leistungen bringen, hier kurz zusammengestellt werden. Wird ein Superheterodyneempfänger, dessen beliebteste Vertreter Tropadyne und Ultradyne sind, aus einwandfreien Einzelteilen nach einer einwandfreien Schaltung gebaut, und funktioniert er nicht oder sind seine Leistungen allzu gering, so kann folgendes Versehen vorliegen: Zunächst kann entweder der Filterblockkondensator vergessen sein oder schlechten Kontakt haben; dieser Kondensator, der einen Wert von 400 bis 1000 cm besitzen soll, ist für das Arbeiten des Empfängers unbedingt notwendig; trotzdem findet man ihn in manchen Schaltungen nicht angegeben. Ferner kann das Potentiometer der Versager sein; man prüfe mit einem Voltmeter nach, ob bei angeschlossener Heizbatterie an seinen Enden Spannungen liegen und ob sich die Spannung zwischen dem Mittenkontakt und dem einen Ende ändert, wenn man den Potentiometerknopf dreht. Werden Röhren mit 3,5 Volt Fadenspannung verwendet und ein 4 Volt-Heizakkumulator angeschlossen, so steht u. U. keine genügende Gitterspannungsdifferenz zur Verfügung und es ist notwendig, ein 1,5 Volt-Gitterelement in die Leitung zwischen Mittenkontakt des Potentiometers und Zwischenfrequenztransformatoren zu schalten, und zwar so, daß der positive Pol des Elementes mit dem Potentiometer Verbindung hat. Ein weiterer häufiger Versagergrund ist das Fehlen des Blockkondensators an der Anode des zweiten Audions. Die Anode dieser Röhre muß nämlich durch einen Blockkondensator von

2000 bis 5000 cm mit dem Minuspol der Anodenbatterie verbunden werden. Fehlt der Kondensator, so kommen die Röhren des Zwischenfrequenzverstärkers zu leicht und zu ungleichmäßig ins Schwingen, der Zwischenfrequenzverstärker arbeitet unstabil. Ist der Kondensator eingeschaltet und das Arbeiten immer noch nicht einwandfrei, so legt man zweckmäßig eine Telephonspule mit Eisen in die Leitung zwischen Anode und Niederfrequenztransformator, so daß das zweite Audion die in Abb. 30 wiedergegebene Schaltung erhält (Gitterblock und Ableitungs-

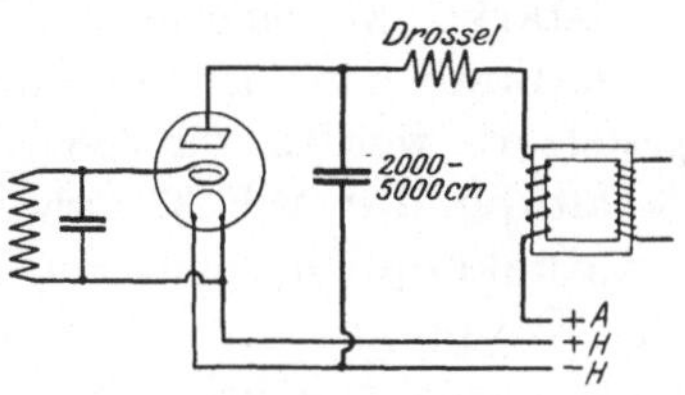

Abb. 30. Einwandfreie Schaltung der zweiten Audionröhre eines Überlagerungsempfängers.

widerstand sind hier nicht mit gezeichnet). Schließlich kann man nur dann mit wirklich einwandfreiem Arbeiten rechnen, wenn man im Zwischenfrequenzverstärker abgeglichene Röhren verwendet, wie sie von einigen Fabriken geliefert werden, die also bei gleicher Gittervorspannung mit den Schwingungen einsetzen, wenn die Heizung und die Anodenspannungen der Röhren übereinstimmen.

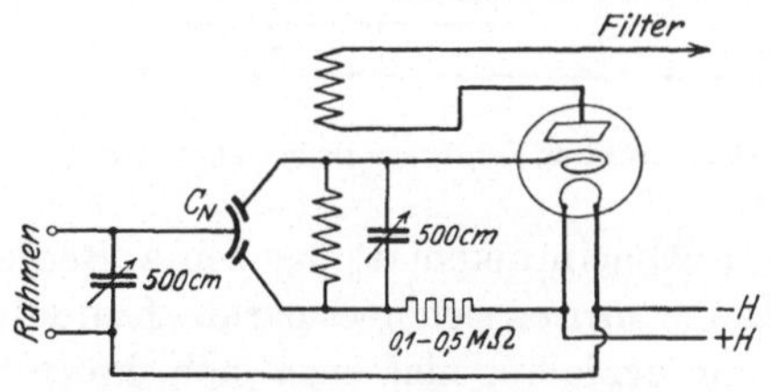

Abb. 31. Neue Tropadyneschaltung ohne angezapfte Spule (nach Dipl.-Ing. A. Cl. Hofmann).

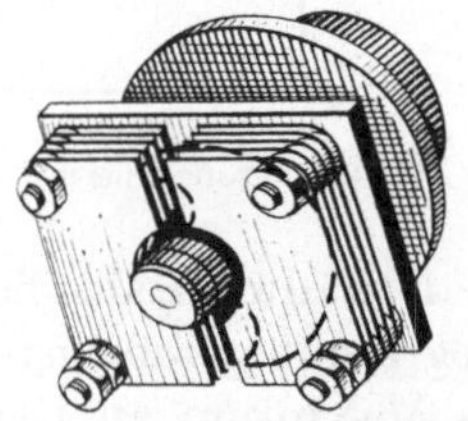

Abb. 32. Differential-Neutrodon (G. Rohland & Co., G. m. b. H., Berlin).

Eine Fehlerquelle des Tropadyne ist seit jeher die Mittenanzapfung der Gitterspule der ersten Röhre. Diese Anzapfung muß absolut genau sein, sie läßt sich aber selten mit der genügenden Genauigkeit herstellen. Hier stellt die von A. Cl. Hofmann mitgeteilte Tropa-Schaltung eine wesentliche Vereinfachung dar, da man bei dieser die genaue elektrische Mitte auf kapazitivem Wege mit Hilfe eines kleinen Differential-Neutrodons erhält. Die Schaltung geht aus Abb. 31, die Konstruktion eines solchen Differentialkondensators aus Abb. 32 hervor. Auch durch diese

Änderung läßt sich die Leistungsfähigkeit eines Tropadyne nicht unwesentlich beeinflussen.

Häufig hört man den Wunsch, die fernen kleinen Sender, die der Tropadyne nur leise in den Lautsprecher bringt, mit größerer Lautstärke zu empfangen. Die Empfindlichkeit des Gerätes kann durch das Vorsetzen einer Hochfrequenzvorröhre bedeutend gesteigert werden, für deren Ankopplung man zweckmäßig die Schaltung der Abb. 33 verwendet, die sog. Dreipunktschaltung mit Rückkopplung durch den Drehkondensator C_R (max. 100 cm). Die Kopplung wird durch einen abgestimmten Hochfrequenztransformator üblicher Bauart vorgenommen. Der Tropadyne

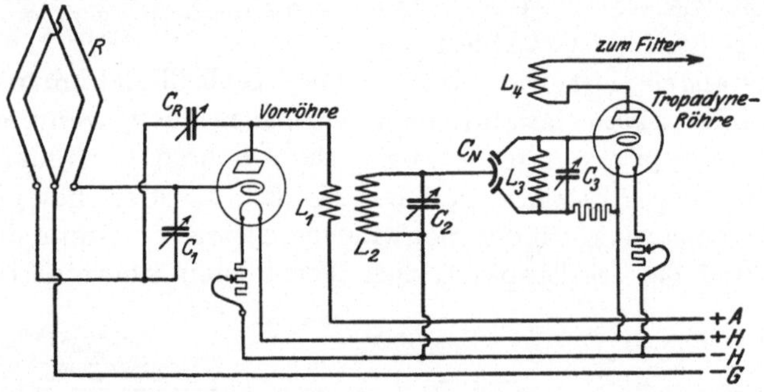

Abb. 33. Tropadyneschaltung mit abgestimmter Vorröhre in Dreipunktschaltung.

erhält dadurch allerdings drei Abstimmknöpfe, was seine Bedienung nicht gerade vereinfacht; wenn es sich aber darum handelt, das Maximum an Leistung zu erzielen, muß man sich hiermit einverstanden erklären.

c) Die Bedienung der Empfänger.

Der Bastler, der sich seine Empfangsgeräte selbst baut, sieht nicht so sehr auf einfachste Bedienung, als die Industrie. Wenn er das notwendige Geschick besitzt, einen Empfänger herzustellen, verursacht ihm die Bedienung keinerlei Schwierigkeiten, auch wenn sie nicht einfach ist. Aber auch der Amateur sollte mit Zeit und Kräften haushalten und die Bedienungsgriffe auf ein Minimum herabsetzen, die Bedienungsarbeit so ermäßigen, daß nur wenige Handgriffe notwendig sind, damit nicht nur er selbst mit dem Apparat etwas hören kann, sondern auch andere Familienmitglieder, in funktechnischer Beziehung Laien, einige Sender empfangen können.

Am weitgehendsten kann die Bedienung natürlich bei den Ortsempfängern vereinfacht werden. Man kann hier schon heute von völlig automatischem Empfang sprechen, beschränkt sich die Bedienung doch auf die Betätigung des Ausschaltknopfes. Da nur der Empfang einer einzigen Wellenlänge in Frage kommt, kann der Abstimmkondensator einmal fest eingestellt werden, um in der gefundenen Stellung für immer, am besten durch eine Schraube arretiert, stehen zu bleiben. Die Lautstärke wird ebenfalls — gewöhnlich durch das Einregulieren einer bestimmten Kopplungsfestigkeit zwischen Antenne und Abstimmkreis — nur einmal eingestellt. Die weitere Bedienung beschränkt sich dann auf das Einschalten des Heizstromes, was nicht mehr an den einzelnen Heizwiderständen vorgenommen wird, sondern mit Hilfe eines kleinen Zentralschalters. Diese Schalter sind in kleiner gefälliger Ausführung zu haben und können selbst in eng gebaute vorhandene Apparate nachträglich eingesetzt werden. Sie sind ungemein wertvoll, denn sie gestatten, die Heizwiderstände stets auf dem einmal gefundenen günstigsten Wert stehen zu lassen. Der Zentralschalter wird in die gemeinsame Batterieleitung gelegt, also in die Leitung minus Heizbatterie, minus Anodenbatterie oder plus Heizbatterie, minus Anodenbatterie, je nachdem, mit welchem Pol der Heizbatterie der negative Pol der Anodenbatterie zusammen genommen ist. Die Heizwiderstände werden zweckmäßig genau wie die Röhren innerhalb des Apparatekastens angeordnet. Man muß bestrebt sein, möglichst alle Teile nach innen zu verlegen, da sie außen nur als Staubfänger wirken und eine Reinigung des Gerätes erschweren, schließlich auch Beschädigungen in erhöhtem Maße ausgesetzt sind. Deshalb werden die Heizwiderstände innen angeordnet, bei der Inbetriebnahme fest eingestellt und dann so belassen. Auch die Spulen sollen möglichst nach innen verlegt werden, trotzdem man es ungern tut, weil sich dadurch die Dimensionen des Kastens bedeutend vergrößern. Von einem gut durchkonstruierten Gerät wird man aber auch das verlangen müssen. Wenn es sich um einen ausgesprochenen Ortsempfänger handelt, mit dem also nur ein Sender, eben der Ortssender, empfangen werden soll, so brauchen außen nur die Anschlußklemmen für Antenne und Erde wie für den Lautsprecher, außerdem der

Zentralschalter vorhanden sein. Es ergibt sich also ein völlig glattes und praktisches Kästchen, dem man es nicht ansieht, daß es einen Rundfunkempfänger beherbergt. Den Kasten führt man am besten mit Kofferdeckel aus, nach dessen Öffnung die Inneneinrichtung zugänglich ist. Abb. 34 bringt die Einbauskizze für einen derartigen selbst zu bauenden Ortsempfänger.

Wird eine Schaltung mit Rückkopplung gewählt, so empfiehlt es sich, den Abstimmdrehkondensator wie auch den Rückkopplungsdrehkondensator so einzubauen, daß sie von außen bedient werden können. Daneben ist außen nur noch der Zentralschalter

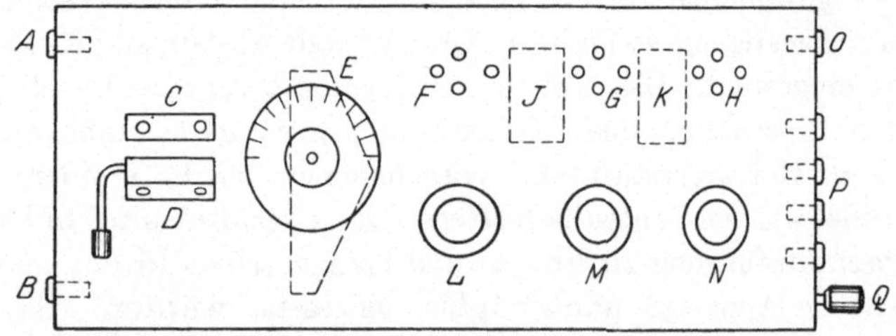

Abb. 34. Einbauskizze für einen Widerstands-Ortsempfänger vollkommen geschlossener Ausführung. *A* Antennen-, *B* Erdklemme, *C* Gitter-, *D* Antennenspule, *E* Drehkondensator, *F*, *G*, *H* Röhrenfassungen, *I*, *K* Widerstands-Kopplungselemente, *L*, *M*, *N* Heizwiderstände, *O* Telephon-, *P* Batterieklemmen, *Q* Zentralschalter.

nötig. Empfängt man in der Hauptsache den Ortssender, so bleiben die Kondensatorknöpfe in der einmal gefundenen und notierten Stellung stehen. Derartige Empfänger können dann von jedem Laien bedient werden. Die Hauptsache bei Laiengeräten ist und bleibt, daß durch die Antennenverhältnisse wie durch die Quantität der Verstärkung eine Lautstärke garantiert wird, die ein sehr sorgfältiges und kompliziertes Einstellen nicht erforderlich macht.

Es ist also daran festzuhalten, daß Ortsempfänger nur einen einzigen Abstimmknopf besitzen dürfen, daneben evtl. einen Lautstärkeregler, als der bei Widerstandsempfängern ohne Rückkopplung der Kopplungsgriff für die Antennenspule, bei Empfängern mit Rückkopplung der Griff des Rückkopplungskondensators anzusprechen ist. Auch aus Gründen der Einfachheit in der Bedienung empfiehlt sich die Anwendung der auf kapazitivem Wege regelbaren Rückkopplung, denn die Abstimmungsänderung, die sich aus der Variierung der Rückkopplung ergibt, ist hier nur ganz minimal, oft gar nicht praktisch festzustellen, während bei der induktiv regelbaren Rückkopplung die Abhängigkeit so außerordentlich stark ist, daß man bei jeder andersartigen Einstellung der Rückkopplungsspule auch den Schwingungskreis nachstimmen muß, was die Einstellung des Gerätes naturgemäß außerordentlich erschwert.

Die Anwendung von Feineinstellvorrichtungen für den Abstimmkondensator, die bei Ortsempfängern völlig überflüssig ist, wird bei Fernempfängern zur unbedingten Notwendigkeit. Während es bei den Ortsempfängern ferner ganz gleichgültig ist, welche Kurvenform die Drehkondensatoren haben, ist bei Fernempfängern der Kondensator mit logarithmischer (sog. Mittellinien-) Kurve im Vorteil. Feineinstellung wie Mittellinien-Kondensator erleichtern die Abstimmung auf ferne Sender ungemein. Von allen Feineinstellvorrichtungen ist die die zweckmäßigste, die den gesamten drehbaren Plattensatz in einem großen Übersetzungsverhältnis bewegt, wenn man den Feinstellknopf betätigt. Es ist am naheliegendsten, diese Übersetzung auf bekannte Weise mit Zahnrädern vorzunehmen. Zahnräder haben sich aber bald als nachteilig erwiesen, da durch das Ineinandergreifen der Zähne ständig Unterbrechungen der elektrischen Verbindung stattfinden, die sich als Knackgeräusche äußern. Diesen Nachteil vermeiden die Friktionskupplungen; hier sind glatte Scheiben als Übersetzungsorgane vorhanden, und zwar wird das große Zahnrad durch zwei auf einer Achse befindliche in der Mitte zusammengehaltene Scheiben gebildet, zwischen die eine kleine Triebscheibe greift. Oder an die Stelle der Zahnräder treten Übersetzungsscheiben, deren Ränder mit kordelartigen Eindrücken versehen sind. Die Berührungsflächen stehen unter großem Druck von Stahlfedern, so daß der Kontakt stets ein guter ist. Derartige Friktionsübersetzungen werden sowohl an die Drehkondensatoren direkt angebaut, als auch in Form von separaten Feinstellknöpfen geliefert, die an der Frontplatte montiert werden und die für normale Drehkondensatoren ohne Feineinstellung bestimmt sind.

Wie schon im vorigen Abschnitt dargestellt, benötigen Fernempfänger, soweit man nicht über eine Hochantenne verfügt und mit den Leistungen des Rückkopplungsempfängers zufrieden ist, zwei und drei abstimmbare Kreise. Die Bedienung wird eine schwierige, da die drei Skalen der Drehkondensatoren auf bestimmte Werte exakt eingestellt werden müssen, soll der Sender erscheinen. Ist das Gerät selektiv, so kann die Station nicht empfangen werden, wenn auch nur ein Kondensator falsch eingestellt ist. Die Einstellung eines solchen Empfängers kann natürlich nur mit Hilfe von Tabellen und Kurven vorgenommen werden, in die die einmal ermittelten Abstimmwerte eingeschrieben wurden. Dem Laien ist zumeist die Tabelle, dem Techniker die Kurve lieber; die letztere bietet vor allem die Möglichkeit, Sender zu finden, deren Abstimmdaten noch nicht bekannt sind, deren Welle man aber kennt. Die Tabelle entsteht einfach so, indem man die bei den einzelnen Sendern geltenden Abstimmwerte der zwei oder drei Kondensatoren in eine Tabelle einträgt, wie es als Beispiel die auf Seite 47 zeigt. Bei der Kurve trägt man diese Werte in ein Koordinatensystem ein, und zwar ist die Ordinate in Wellenlängen, die Abszisse in Kondensatorgraden geteilt. Zur Tabelle Seite 47 ist in Abb. 35 das Kurvenblatt wiedergegeben.

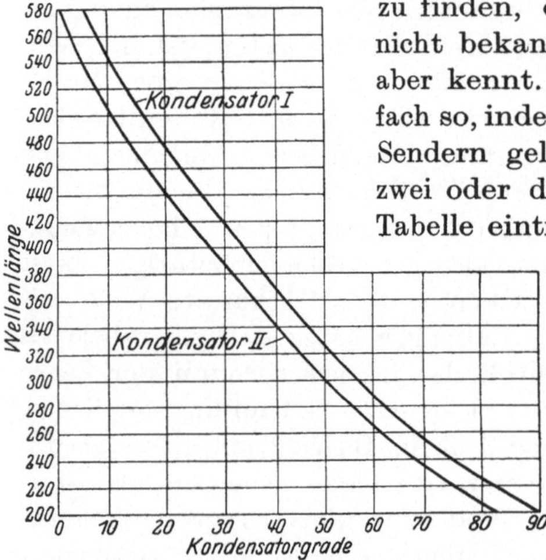

Abb. 35. Kurvenblatt zu der Abstimmtabelle Seite 47.

Die Zuhilfenahme von Tabellen und Kurven stellt wohl eine Erleichterung, aber eigentlich doch keine Vereinfachung der Abstimmung dar. Eine solche kann nur dadurch vorgenommen werden, daß man die einzelnen Schwingungskreise genau gleich macht und die Drehkondensatoren mechanisch kuppelt, so daß sie durch einen Griff verstellt werden können. Man erhält dadurch den sog. Einknopfempfänger, der in Amerika bereits eine große Verbreitung besitzt und der auch bei uns eine Zukunft hat. Da man die Ausbildung von Einknopfempfängern nicht mehr zu den Verbesserungen kleinen Umfanges rechnen kann, mit denen wir uns hier nur beschäftigen wollen, sei auf die Ausführungen Seite 84 ff. verwiesen, wo sie eine eingehende Darstellung erfährt.

Weniger Orts- als gerade Fernempfänger lassen den Wunsch

Abstimmtabelle.

Station	Wellenlänge in m	Kondensator I	Kondensator II
Sofia	215,8	84	77
Münster	241,9	74	67,5
Gleiwitz	250	72	65
Stettin	252,1	71	64
Kassel	272,7	65	58
Dortmund	283	62	55
Dresden	294,1	59	52
Hannover	297	57	51
Nürnberg	303	56	49
Breslau	322,6	51	44
Königsberg	329,7	49	43
Leipzig	365,8	41	35
Stuttgart	379,7	38	32
Hamburg	394,7	34,5	29
Bremen	400	33,5	27,5
Frankfurt	428,6	28	22
Langenberg	468,8	21	16
Berlin I	483,9	19	13,5
Wien	517,2	14	8,5
München	535,7	11,5	6
Berlin II	566	7,5	2,5
Freiburg i. B.	577	6	1

auftauchen, mit verschieden großer Niederfrequenzverstärkung zu arbeiten. Man möchte einen Sender beispielsweise im Kopfhörer einstellen, wobei man den Verstärker garnicht benötigt, sondern den Hörer in den Anodenkreis des Audion einschaltet, und man möchte dann mit einem Handgriff auf den Lautsprecher umschalten, wobei die Verbindung zum Kopfhörer automatisch getrennt und die Heizung der Verstärkerröhren ebenso automatisch eingeschaltet werden soll.

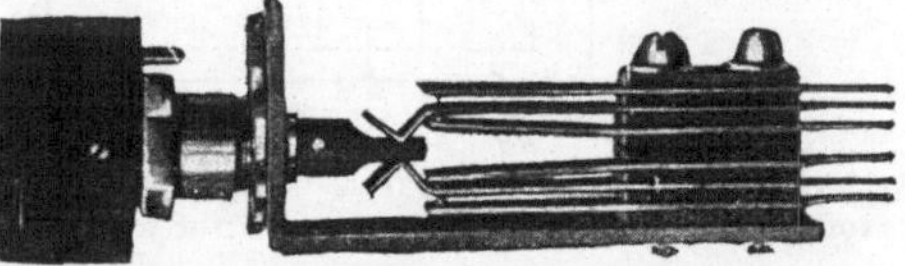

Abb. 36. Knebelschalter (Doppelpoliger Umschalter, Deutsche Telephonwerke u. Kabelindustrie A.-G.).

Diese Schaltung kann man bequem mit Hilfe eines sog. Knebelschalters ausführen, der als doppelpoliger Umschalter hergestellt wird (Abb. 36). Abb. 37 zeigt die Schaltung eines Verstärkers, in den ein solcher Knebelschalter *Sch* eingebaut ist. Schaltet man nach *A*, so ist die Heizung des Verstärkers ausgeschaltet, die Leitung von der Audionröhre zum Niederfrequenztransformator ist unterbrochen und das Telephon ist eingeschaltet. Schaltet man nach B, so trennt sich die Verbindung zum Telephon, dafür wird der Niederfrequenztransformator an die Anode gelegt, und außerdem schaltet sich die Heizung der Niederfrequenzröhre ein. Diese Schaltung läßt

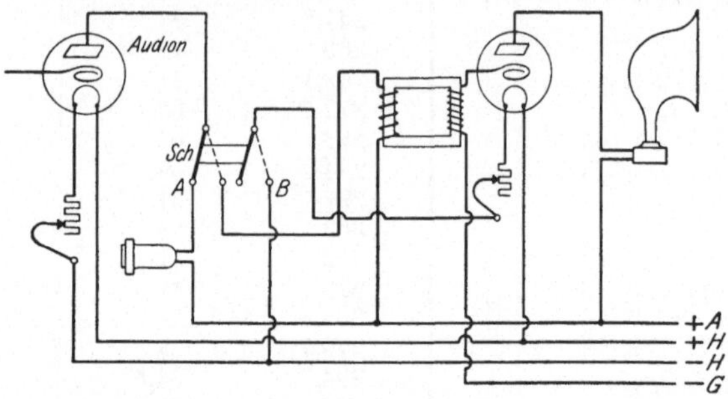

Abb. 37. Niederfrequenzverstärker; letzte Stufe durch Knebelschalter abschaltbar.

sich auf verschiedenartige Weise ausbauen. Man kann den Schalter in den Anodenkreis des Audion oder der ersten Niederfrequenzstufe legen und kann auf ihn eine oder zwei Niederfrequenzstufen folgen lassen, ganz wie es der augenblickliche Zweck erheischt.

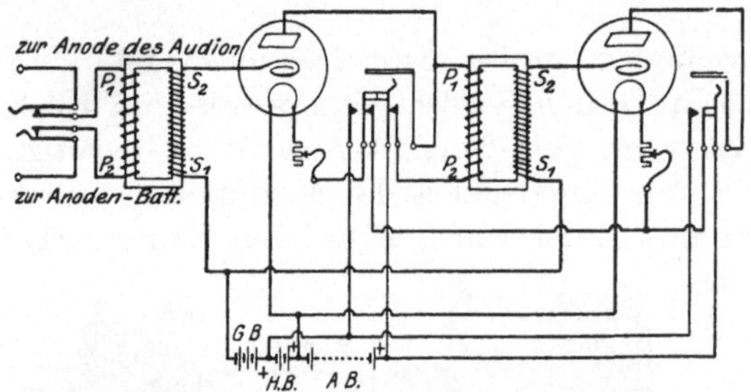

Abb. 38. Niederfrequenzverstärker, dessen Röhren mit Hilfe von Klinkenschaltern einzeln abgeschaltet werden können.

In der letzten Zeit hat die Verwendung von Klinkenschaltern große Fortschritte gemacht; man kann mit ihrer Hilfe ebenfalls die verschiedensten Umschaltungen dadurch vornehmen, daß man den Telephon- oder Lautsprecherklinkenstecker in die diversen in den Anodenkreisen der Röhren liegenden Klinkenschalter einfügt. Abb. 38 bringt ein Schaltungsbeispiel für die Verwendung von Klinken in einem Niederfrequenzverstärker: Stöpselt man die Telephonklinke in den ersten Klinkenschalter ein, so schaltet sich die Heizung der zweiten Stufe automatisch aus; stöpselt man dagegen in den zweiten Klinkenschalter ein, so arbeiten beide Röhren. Ist nirgends ein Klinkenstecker eingelegt, so ist der Apparat damit automatisch außer Betrieb gesetzt.

In hochwertigeren Empfängern macht auch das Empfangen mehrerer Wellenbereiche manche Sorge. Steckspulen, die das am einfachsten erreichen lassen würden, sind hier nicht mehr am Platze, denn für Hochleistungsempfänger kommen fast ausschließlich Spezialspulen mit Zylinderwicklung, u. U. noch mit mehreren Anzapfungen, in Frage, deren Auswechselung schwierig, meist völlig unerwünscht ist, da sich die Konstanten der Spulen durch kräftiges Angreifen evtl. ändern würden. Hier ist es am zweckmäßigsten, die Spulensätze für die beiden gewünschten Wellenbereiche (heute kommen nur noch zwei in Frage, 200 bis 600 und 1000 bis 2000 m, da auf anderen Wellen wichtige Rundfunksender nicht mehr arbeiten) fest in den Apparat einzubauen und ihre Enden an doppelpolige Umschalter zu führen. Als Umschalter kommen sog. Walzenschalter in Anwendung, wie sie in der drahtlosen Telegraphie schon lange gebräuchlich sind; man kann sie mit beliebig viel Kontakten ausrüsten, ohne die Betätigung zu erschweren.

d) Die Energieversorgung der Empfangsanlage.

Eines der unerfreulichsten Kapitel der ganzen Rundfunk-Empfangstechnik ist unbedingt die Stromversorgung des Empfängers. Man braucht drei Arten von Stromquellen, Heiz-, Gitter- und Anodenbatterien. Die Gitterspannungsquelle stellt uns keine Aufgaben; wir können hier mit ruhigem Gewissen Trockenelemente benutzen, die sehr lange halten, da ihnen kein Strom entnommen wird. Nur sollten wir bald die heute übliche Gewohnheit aufgeben, die Gitterspannungsbatterie mit der Anodenbatterie zu kombinieren und mit ihr zusammen wegzuwerfen, ohne daß sie unbrauchbar geworden wäre; die Gitterbatterie gehört vielmehr als selbständige kleine Trockenbatterie in das Innere der Empfangsgeräte hinein. Sie beansprucht wenig Platz, braucht jährlich nur einmal ersetzt werden (zuweilen noch seltener) und macht eine oder zwei Leitungen vom Empfänger zu den Batterien überflüssig. Als Heizbatterien werden heute in der Hauptsache Bleiakkumulatoren benutzt. Die Akkumulatoren müssen geladen werden; muß man sie zu diesem Zweck in eine Ladestation transportieren, so ist die Ladung sehr umständlich und teuer. Ist im Hause des Radiofreundes ein Lichtnetz, gleichgültig ob Gleich- oder Wechselstrom, so sollte er unbedingt selbst laden; es lassen sich sehr wirtschaftliche Einrichtungen durchbilden, mit denen die Ladung fast nichts kostet. Bei Wechselstrom benutzt man einen Gleichrichter. Man kann ihn ein für allemal am Akkumulator belassen, so daß also die Schaltung der Abb. 39 besteht, vorausgesetzt natürlich, daß der Gleichrichter

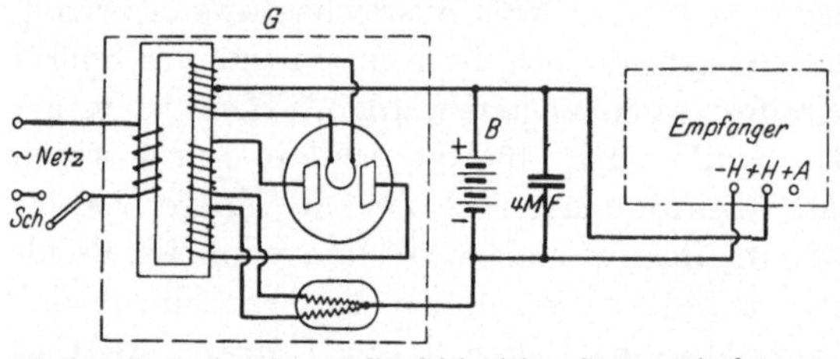

Abb. 39. Ladeeinrichtung, die gleichzeitige Stromentnahme zu Empfangszwecken gestattet. *G* Gleichrichter, *B* Batterie, *Sch* Netzschalter.

mit einem Transformator ausgerüstet ist, der getrennte Wicklungen besitzt. Durch den Schalter *Sch* kann man die Ladung ein- und ausschalten. In der Hauptsache wird man in den Zeiten laden, in denen man nicht empfängt; es ist aber auch Ladung und Empfang gleichzeitig möglich, ohne daß Geräusche auftreten. U. U. empfiehlt es sich, zum Akkumulator einen Kondensator von 4 MF parallel zu schalten; zuweilen werden Geräusche aber auch ohne diesen Kondensator nicht auftreten. Der Bastler, der über ein Amperemeter verfügt, wird zunächst den

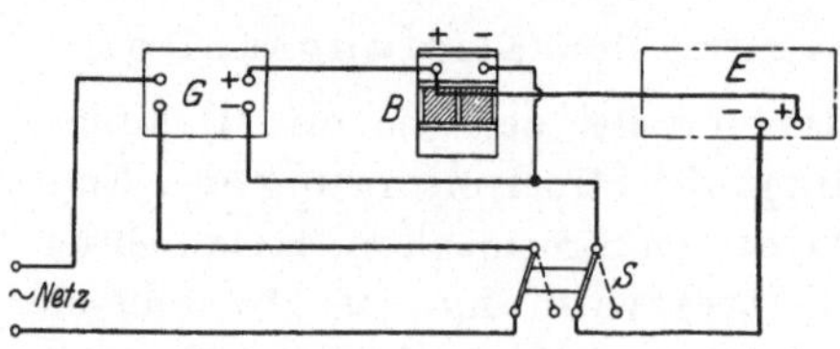

Abb. 40. Ladevorrichtung für Wechselstrom, die während des Empfanges die herausgenommene Strommenge in die Batterie hineinladet.
G Gleichrichter, *B* Batterie, *E* Empfänger, *S* doppelpoliger Ausschalter.

Verbrauchsstrom des Empfängers messen, 20% hinzu rechnen und den Ladestrom nun durch einen Regulierwiderstand[1] auf den gefundenen Wert einstellen; er braucht jetzt nur stets die gleiche Zeit zu laden, die er vorher hörte, um immer sicher zu sein, daß der Akkumulator voll ist. Oder, wenn sich Geräusche bei gleichzeitigem Laden und Empfangen nicht bemerkbar machen, wendet er die Schaltung der Abb. 40 an, die einen doppelpoligen Ausschalter besitzt; durch den Schalter wird mit dem Heizstrom die Ladung des Akkumulators eingeschaltet, so daß, während man Heizstrom

---

[1] Zwischen Gleichrichter und Batterie zu schalten.

herausnimmt, die gleiche Strommenge zuzüglich 20% Verluste in die Batterie hineingeladen wird.

Bei einem Gleichstromnetz läßt sich diese einfache Vorrichtung nicht durchbilden, da hier eine leitende Verbindung zwischen Starkstromnetz und Radioanlage bestehen würde. Hier empfiehlt es sich vielmehr, dann zu laden, wenn man nicht empfängt (Schaltung Abb. 41). Wendet man einen sog. Sicherheitswiderstand

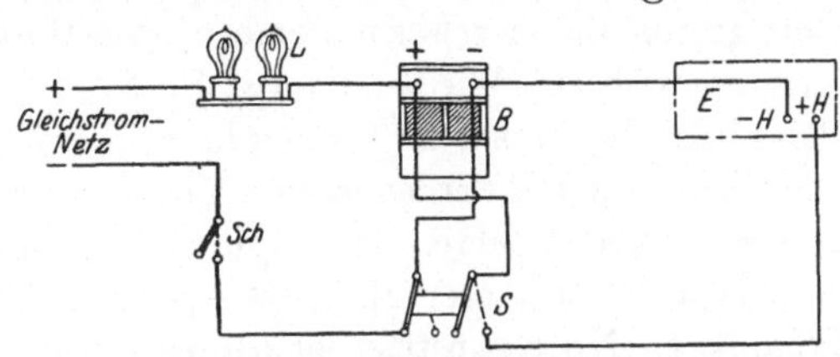

Abb. 41. Ladevorrichtung für Gleichstrom, mit der die Batterie in den Empfangspausen geladen wird. *L* Vorschaltlampen, *B* Batterie, *E* Empfänger, *S* doppelpoliger Umschalter, *Sch* einpoliger Schalter, um die Ladung zeitweise ganz abschalten zu können[1].

an, kann man allerdings auch während der Ladung empfangen; die diesbezügliche Schaltung bringt Abb. 42. Der Sicherheitswiderstand R muß so groß sein, daß er bei einer Unterbrechung im Akkumulator verhindert, daß an den Klemmen a, b eine höhere Spannung als 40 Volt auftreten kann. Die Ladestromstärke soll etwas unter der Verbrauchsstromstärke liegen, damit im ungünstigsten Fall nur die normale Heizstromstärke durch die Röhren fließen kann,

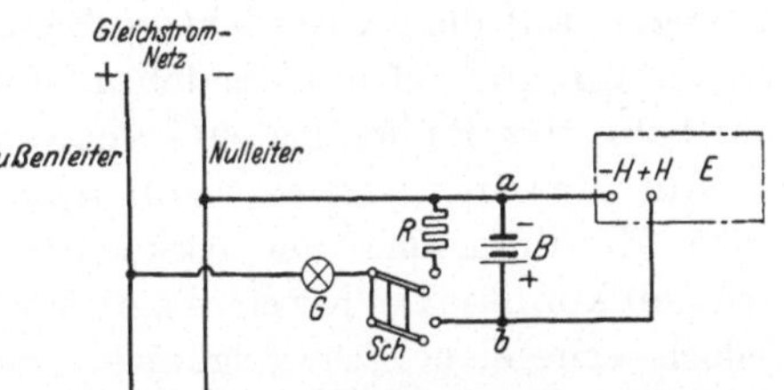

Abb. 42. Ladeschaltung für Gleichstrom mit Sicherungswiderstand, der Ladung während des Empfanges gestattet. *G* Glühlampe zur Begrenzung des Ladestromes, *R* Sicherungswiderstand, *B* Batterie, *Sch* doppelpoliger Ausschalter, *E* Empfänger.

wenn der Akkumulator defekt wird. Kostenlos kann die Ladung gewissermaßen dann erfolgen, wenn die Glühlampe G, die zur Begrenzung des Ladestromes gebraucht wird, sich in einem Beleuchtungskörper befindet, so daß die in ihr umgesetzte elektrische Energie zur Beleuchtung herangezogen wird. Wichtig ist, daß der gleiche Pol der Heizbatterie durch den Empfänger geerdet wird, der beim Lichtnetz geerdet ist. In Zweifelsfällen arbeite man mit aperiodischer Antenne, wobei keine

---

[1] Bei Ausführung der Schaltung ist auf die Erdung des Netzes Rücksicht zu nehmen und der Schalter *S* so zu legen, daß kein Erdschluß über den Empfänger entstehen kann (vgl. auch Seite 55).

Verbindung zwischen dem geerdeten Antennenkreis und dem Empfänger bestehen darf (Schaltung siehe Abb. 11d).

Die beschriebenen Vorrichtungen verbilligen wohl die Ladung, sie machen den Akkumulator aber nicht entbehrlich. Es kann nicht genug davor gewarnt werden, den Heizakkumulator unsorgfältig zu wählen. Wie bereits auf Seite 11 bestätigt wurde, halten Bleiakkumulatoren mit Gitterplatten bei der Behandlung, die ihnen Laien zuteil werden lassen, etwa ein Jahr, solche mit Masseplatten etwa 4 Jahre. Masseplattenakkumulatoren sind dabei nur etwa 25 % teurer als Gitterplattenakkumulatoren gleicher Kapazität. Noch günstiger ist allerdings der Edisonakkumulator, der eine unbegrenzte Lebensdauer besitzt und dem zu tiefes Entladen, Stehenlassen in entladenem Zustande wie Überlastungen, wodurch die üblichen Bleibatterien zugrunde gerichtet würden, nichts anhaben können. Es ist deshalb weit wirtschaftlicher, Masseplattenakkumulatoren oder gar Edisonakkumulatoren zu verwenden, als solche mit Gitterplatten. Ich muß es mir hier versagen, auf die höchst wichtige Batteriefrage weiter einzugehen, und kann nur auf das Bändchen Spreen, Stromquellen, Bd. 6 der Bibl. des Radio-Amateurs verweisen.

Am idealsten wäre es, wenn man den Heizstrom direkt, also ohne Zuhilfenahme von Akkumulatoren, aus dem Lichtnetz nehmen könnte. Der Konstruktion von Heiznetzgeräten setzen sich jedoch erhebliche Schwierigkeiten entgegen, da es sich hier im Gegensatz zu den Anodenstrom-Netzanschlußgeräten um starke Ströme handelt, zu deren Ausgleich so große Kondensatoren und Drosseln notwendig sind, daß an eine praktische oder gar wirtschaftliche Herstellung von Heiz-Netzanschlußgeräten schwer zu denken ist. Um die sehr großen Kondensatoren zu umgehen, benützt man kleine Akkumulatoren, die als Pufferbatterien wirken. Und zwar wählt man solche nach dem Edisonpatent, um sie in das Netzgerät selbst einbauen zu können. Die Edisonakkumulatoren zeichnen sich durch kleinere Abmessungen aus, was hier sehr vorteilhaft ist. Die Schaltung eines einfachen Netzheizgerätes zum Anschluß an ein Wechselstromnetz bringt Abb. 43. Die wesentlichen Bestandteile des Gerätes sind neben dem Transformator T und der Gleichrichterröhre G (Rectron-Röhre 110/I/II mit folgenden Daten: Heizspannung 1,8 Volt, Heizstrom 2,8 Amp., Anodenwechselspannung 2×135 Volt max., maximale Gleich-

spannung 110 Volt [elektrolytischer Mittelwert], maximaler Gleichstrom 1,0 Amp.) die große Drosselspule D und die zweizellige
Ausgleichsbatterie B. Abb. 44 zeigt eine weitere Netzheizschal-
tung, die an Stelle der Ausgleichsbatterie einen Kondensator C von
20 MF oder größer besitzt und deren Drosseln mehr als die doppelte

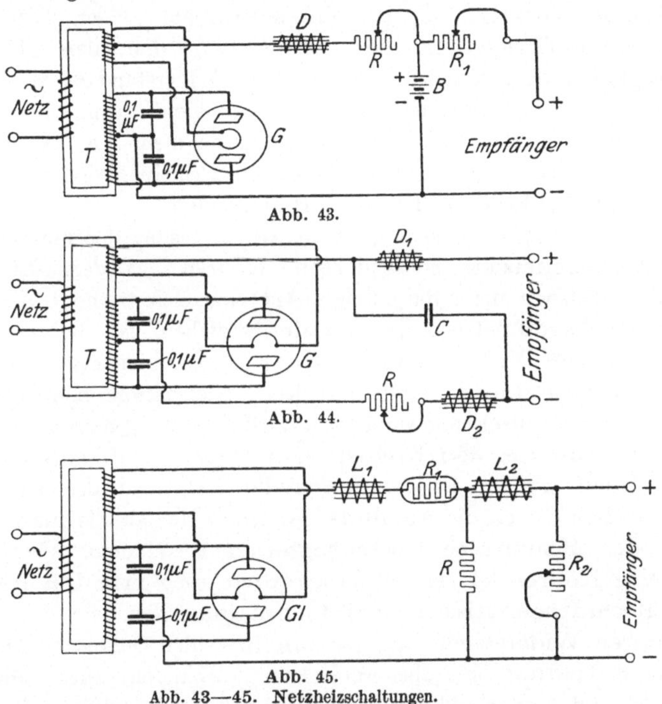

Abb. 43—45. Netzheizschaltungen.

Selbstinduktion der aus Abb. 43 haben, um die gleiche Wirksamkeit
zu erlangen, wie sie die Schaltung mit Ausgleichsbatterie besitzt.

Eine weitere Lösung der Heizstromentnahme aus dem Lichtnetz stellt die Schaltung Abb. 45 dar (nach M. v. Ardenne).
An Stelle großer Querkondensatoren werden hier Ohmsche Widerstände verwendet, die im Verhältnis zum resultierenden Widerstand des Stromverbrauchers klein sein müssen (bei normalen
Empfängern 3 bis 10 Ohm). Die Widerstände stellen weit billigere
und angenehmere Bauelemente dar als große Kondensatoren
und Akkumulatoren, und erreichen eine gleichwertige Aussiebung
der Wechselstromgeräusche. Abb. 45 zeigt die komplette Schal-

tung eines solchen Netzheizgerätes für den Anschluß an ein Wechselstromnetz. Der Transformator wie die Gleichrichterröhre Gl sind von normaler Beschaffenheit. L_1 und L_2 sind Spezial-Drosselspulen von wenigen Henry. R ist der Querwiderstand von 3 bis 10 Ohm, evtl. regulierbar, aber so kräftig gebaut, daß er starke Ströme verträgt. R_1 ist ein selbstregulierender Eisendraht-Wasserstoffwiderstand, der die Aufgabe hat, den Heizstrom möglichst konstant zu halten. Der Widerstand R_2 schließlich, ein Regulierwiderstand von 20 Ohm, dient dazu, eine genaue Einstellung der Heizspannung vorzunehmen. Die Ausnützung dieses anscheinend zukunftsreichen Prinzips wird durch die Ahemo-Werkstätten, Berlin, vorgenommen.

Netzheizgeräte benötigt man zur Speisung der normalen für Batteriebeheizung konstruierten Röhren aus dem Lichtnetz. Das ist aber nicht die einzige Art der Heizstromentnahme aus Wechselstromnetzen. Die aussichtsreichere ist die mit Hilfe besonderer Wechselstromröhren, die so konstruiert sind, daß zur Erwärmung der Kathoden kein Gleichstrom benötigt wird, sondern Wechselstrom von 1 bis 4 Volt Spannung gebraucht werden kann. Näheres über Wechselstromröhren ist auf Seite 64 gesagt.

Noch größer ist die finanzielle Belastung des Empfangsbetriebes durch die Anodenstromquelle, als die man bislang in der Hauptsache Trockenbatterien verwendete. Geräte mit wenig Röhren können mit Trockenbatterien guter Qualität wohl wirtschaftlich arbeiten, ihre technischen Nachteile des großen inneren Widerstandes und der zunehmenden Geräusche am Ende der Entladung sind aber auch hier vorhanden Diese Nachteile fallen bei Anodenakkumulatoren fort; sie sind zudem auch bedeutend wirtschaftlicher. Empfänger mit zahlreichen Röhren und hohem Anodenstromverbrauch können mit Trockenbatterien gar nicht gespeist werden, da sie in ganz kurzer Zeit völlig entladen sind. Die größte Zukunft dürfte das Anodenstrom-Netzanschlußgerät haben, das die gleiche Betriebsbereitschaft besitzt wie das Netz und das außerdem gestattet, außerordentlich billig zu arbeiten (vgl. die Tabelle auf Seite 13). Nur stellen sich seiner Verwendung noch einige Schwierigkeiten entgegen, als es nicht für wirklich alle Empfangsgeräte Verwendung finden kann, da die Geräusche zuweilen doch durchkommen. Das ist aber nur eine Frage ausreichender Dimensionierung der Drosselketten und

Gleichrichter, und es ist der Industrie deshalb auch in letzter Zeit gelungen, Netzanschlußgeräte zu bauen, deren innerer Widerstand so klein und deren Siebwirkung so vollendet ist, daß man sie genau wie die Anodenbatterie an jeden beliebigen Empfänger anschalten kann. Eine Schwierigkeit jedoch bringen die Netzverhältnisse mit sich. Während beim Vorhandensein eines Wechselstromnetzes mit Hilfe eines Transformators, der getrennte Wicklungen besitzen muß, Empfangsanlage und Netz elektrisch völlig

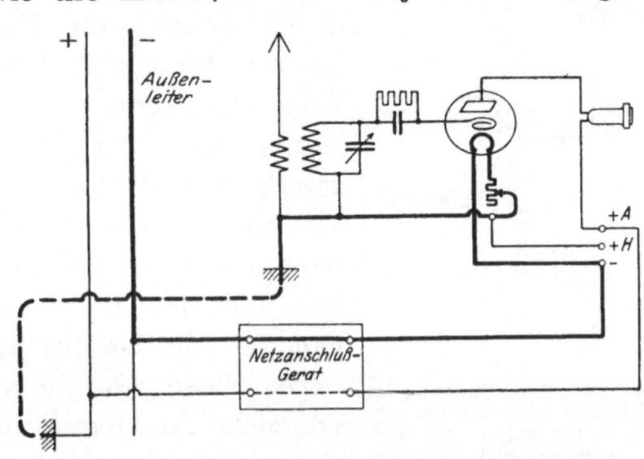

Abb. 46. Weg des Erdschlußstromes beim Gebrauch eines Netzanschlußgerätes für Gleichstrom und geerdetem Plusleiter.

getrennt werden können, so daß eine Erdung des Netzes nicht nachteilig wirken kann, ist das bei einem Gleichstromnetz

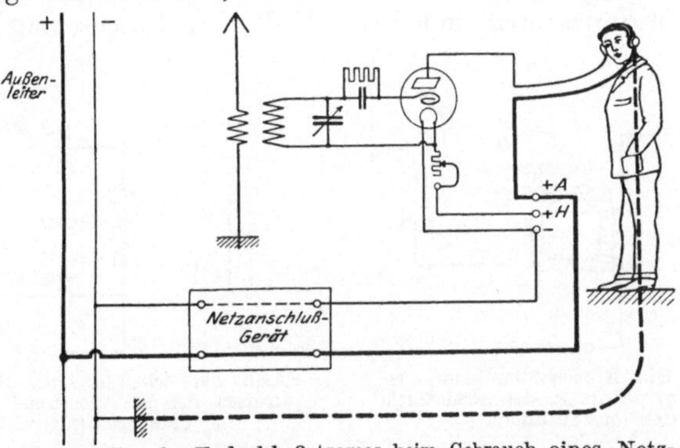

Abb. 47. Weg des Erdschlußstromes beim Gebrauch eines Netzanschlußgerätes für Gleichstrom bei geerdetem Minusleiter und zufälligem Erdschluß des Kopfhörers.

nicht durchführbar. Die leitende Verbindung zwischen Empfangsgerät und Gleichstromnetz kann auf keine Weise vermieden werden, so daß also, wenn der Empfangsapparat Erdschluß bekommt, das auch gleichzeitig ein Erdschluß des Netzes ist, der böse Folgen haben kann. Abb. 46 und 47 deuten die möglichen Situationen an: Ist der Plusleiter des Netzes geerdet, der Minusleiter also der Außenleiter, so fließt, wenn der Empfänger normal an der Heizbatterie geerdet ist, ein Erdschlußstrom vom Minusleiter über die Erdung des Empfängers nach Erde. Die Folge ist ein Durchbrennen der Netzsicherungen, sind evtl. auch Beschädigungen am Empfänger. Ist die Minusleitung des Netzes geerdet, so kann ein derartiger Erdschluß nicht eintreten, dagegen ein solcher über die bedienende Person, wenn zufällig der Kopfhörer Gehäuseschluß hat, und das haben sehr viele. In diesem Falle ist die Gefahr eine noch viel größere. Gegen diese Gefahren kann eine noch so sinnreiche Ausgestaltung des Netzanschlußgerätes nichts helfen, die Vorkehrungen gegen sie muß man empfängerseitig treffen. Das Empfangsgerät, ob selbst gebaut oder industriell hergestellt, muß drei Bedingungen genügen:

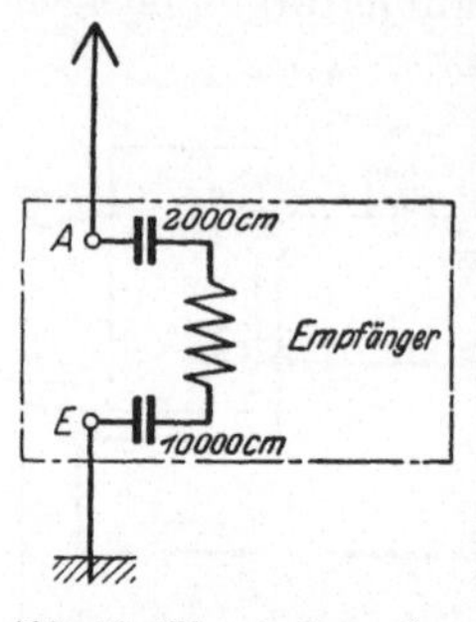

Abb. 48. Einschaltung der Schutzkondensatoren in den Empfänger als Vorbeugung gegen Erdschlüsse beim Gebrauch von Gleichstrom-Netzanschlußgeräten.

1. In die Erdleitung wie in die Antennenleitung müssen Schutzkondensatoren, mit 1500 Volt auf Durchschlag geprüft,

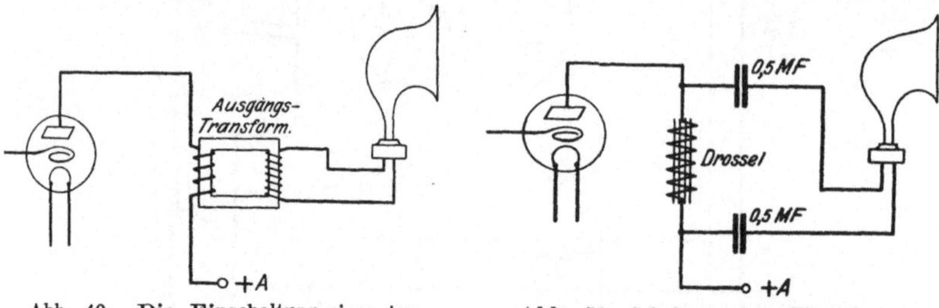

Abb. 49. Die Einschaltung eines Ausgangstransformators in den Anodenkreis der letzten Röhre.

Abb. 50. Schaltung eines Blockierungskreises, der den Anodengleichstrom vom Lautsprecher fernhält [1].

geschaltet werden; eine anderweitige Erdung des Empfängers oder der Heizbatterie darf nicht bestehen;

2. Telephon und Lautsprecher dürfen nicht im Gleichstrom-

---

[1] Die für die Kondensatoren angegebenen Werte von 0,5 MF sind äußerste Mindestwerte; je größer man die Kondensatoren wählt, um so besser werden die tiefen Töne berücksichtigt.

kreis der letzten Röhre liegen und dürfen in keiner leitenden Verbindung mit dem Netz stehen.

3. Alle Klemmen und Drehknöpfe müssen ausreichend mit Isoliermaterial abgedeckt sein, so daß eine Berührung blanker Klemmen eine Unmöglichkeit darstellt; das gleiche gilt von den Klemmen der Heizbatterie.

Einschaltung und günstige Größen der Schutzkondensatoren nach 1. gehen aus Abb. 48 hervor. Die Trennung des Telephons und Lautsprechers vom Gleichstromanodenkreis und damit vom Netz hat durch einen Ausgangstransformator oder durch ein Filtersystem zu geschehen; die Schaltungen zeigen Abb. 49 und 50.

e) Die Eingliederung der Rundfunkanlage in Haus und Wohnung.

Es wurde schon erwähnt, daß eine stark zergliederte Emfangsanlage, die aus mehreren einzelnen durch Leitungen verbundenen Teilen besteht, nicht nur unpraktisch ist, sondern für die Wohnung auch keinen Schmuck darstellt. Man muß von der Rundfunkanlage verlangen, daß sie sich in Form und Umfang in ein Heim eingliedert, genau so, wie es der Fernsprecher, wie es elektrische Beleuchtung und Beheizung getan haben. Die Anlagen haben also in erster Linie schlicht und unauffällig zu sein. Zwei Wege können beschritten werden, entweder man benutzt eine Art Truhe, in die Empfänger, Batterien und schließlich auch noch der Lautsprecher eingebaut werden — diese Ausführung ist in Amerika sehr gebräuchlich —, oder man verbannt die Rundfunkanlage ganz und gar aus den besseren Räumen und bringt sie in einer Wirtschaftskammer oder auf dem Korridor unter; von hier werden möglichst unsichtbar Telephon- und Einschaltleitungen in die einzelnen Zimmer gezogen. Das letztere stellt die Art von Anlagen dar, die im letzten Teil dieses Buches eingehender behandelt werden.

Für den Ortsempfang ist diese Art der Rundfunkanlagen die einzig richtige. Da die ganze Bedienung in der Ein- und Ausschaltung besteht, deretwegen man, wenn Fernschaltung vorgesehen ist, sich gar nicht zum Empfänger begeben braucht, ergeben sich keinerlei Schwierigkeiten. Anders jedoch bei Fernempfängern; hier macht sich eine Abstimmung auf ferne Sender, eine genaue Einregulierung notwendig. Aus diesem Grund muß sich der Fernempfänger in dem Raum befinden, in dem man hauptsächlich hört, also in einem Wohnzimmer. Und bei diesen Empfangsgeräten ist deshalb auch auf geschmackvolle Unterbringung aller Einzelteile in Truhen- oder Schrankform zu sorgen. In vielen Fällen wird man es vorziehen, den immerhin nicht ganz kleinen Fernempfänger auf einem besonderen Tischchen aufzustellen und von diesem die Batterieleitungen möglichst unauffällig zu den auf dem Korridor oder in einer Ecke des Zimmers aufgestellten Batterien führen.

Abb. 51 bringt ein Beispiel für die Ausführung moderner amerikanischer Empfangsapparate in Truhenform mit eingebauten Batterien und Lautsprechern. Die Bedienungsgriffe des Empfängers sind nach Herunterklappen einer Falltür zugänglich. Die besseren Empfangsapparate werden auch in Europa verschiedentlich in ähnliche Truhen eingebaut; diese Form stellt unbedingt die dar, die sich in eine Wohnung am besten

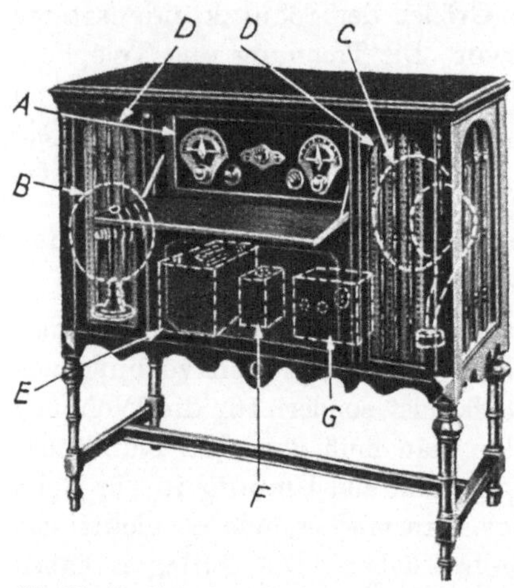

Abb. 51. Radiotruhe mit eingebauten Batterien und Lautsprechern. *A* Empfänger, *B* Konuslautsprecher, *C* Trichterlautsprecher, *D* Schallöffnungen, mit Stoff verkleidet, *E* Heizbatterie, *F* Ladeeinrichtung für Dauerladung der Heizbatterie, *G* Anodenbatterie oder Netzanschlußgerät für den Anodenstrom.

eingliedert. Natürlich ist es verfehlt, die genaue Form der Amerikaner, die reichlich verschnörkelt ist, zu übernehmen. Form und Ausbildung haben vielmehr unsere modernen Innenarchitekten Hand in Hand mit dem Ingenieur zu bestimmen.

4. Die Rundfunkautomatik.

Während im zweiten Kapitel dieses Buches alles das zusammengestellt wurde, was den Rundfunkempfang verbessert und vereinfacht und vom Rundfunkteilnehmer und Bastler selbst angewendet werden kann, sollen auf den nächsten Seiten die Grundlagen der wirklichen Rundfunkautomatik, des möglichst automatischen Rundfunkempfangs, behandelt werden. Das zweite Kapitel hat diesem Teil naturgemäß schon viel vorausgenommen, da beide Gebiete ineinander übergehen und eine scharfe Grenze nicht zu ziehen ist.

a) Röhrenfragen.

Für die Konstruktion selbsttätig arbeitender Empfangsapparate, deren Bedienung auf ein Minimum herabzusetzen ist, sind die Eigenschaften der Röhren von einschneidender Bedeutung. In den bekannten Röhrengeräten gehört zu jeder Röhre ein Bedienungsgriff, nämlich der des Heizwiderstandes, mit dem man die richtige Spannung an den Faden der Röhre legt. Ein Fünf-Röhrengerät verfügt über fünf Heizwiderstände, die sämtlich für sich eingestellt werden müssen. Diese Tatsache stellt für den Laien schon eine erhebliche Schwierigkeit dar. Wenn man das Gerät mit fünf völlig gleichen Röhren ausrüstet, genügt selbstverständlich ein einziger Widerstand für die

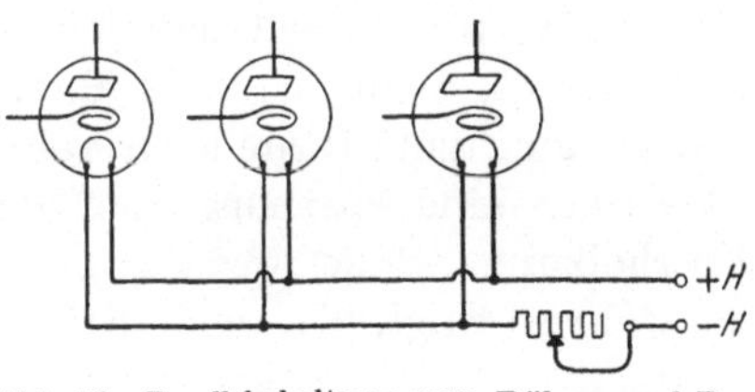

Abb. 52. Parallelschaltung von Röhren und Regulierung der Heizstromstärke durch nur einen Widerstand.

gleiche Arbeit. Die Forderung, die von unserem Standpunkt aus an die Röhrentechnik zu stellen ist, ist also die weitgehender Gleichmäßigkeit der Empfängerröhren. Das ist so zu verstehen, daß nicht nur die Exemplare einer Type unter sich völlig gleich sein sollen, zunächst bei gleicher Fadenspannung dieselbe Charakteristik besitzen müssen, sondern daß die Typen soweit normalisiert sind, daß sie in vielleicht zwei Gruppen von Fadenspannungen eingeteilt werden können. Dieser wichtigen Forderung haben einige große Röhrenfabriken schon vor längerer Zeit ihre Fabrikation angepaßt. Dann nämlich, wenn uns Röhren verschiedener Typen, also verschiedener Eigenschaften, zur Verfügung stehen, die aber gleiche Fadenspannungen besitzen, ist es uns möglich, einen MehrröhrenEmpfänger, der Röhren ganz verschiedener Eigenschaften braucht, mit nur einem Heizwiderstand auszurüsten. Der Heizstromverbrauch der Röhren kann ganz verschieden sein; Bedingung ist nur, daß die Fadenspannungen gleich sind. Wir können die Röhren dann parallel an nur einen Heizwiderstand legen, so wie es Abb. 52 zeigt. Man kann z. B. alle Niederfrequenzröhren und alle Hochfrequenzröhren an denselben Widerstand legen; in

Hochleistungsempfängern ist nur die Ausrüstung des Audions mit einem besonderen Widerstand zu empfehlen, da dessen Heizung zuweilen kritisch ist und, so bei Rückkopplungsschaltungen, eine Feinregulierung erfahren muß, die man am besten mit einem Heizwiderstand vornimmt, der mit Feineinstellung ausgerüstet ist. Durch das Zusammenlegen der Röhren zu einem oder zwei Heizkreisen läßt sich die Bedienung des Gerätes sehr vereinfachen. Ferner ist es erwünscht, daß der Unterschied zwischen der Fadenspannung und der gebräuchlichen Batteriespannung nur gering ist, daß die Röhren für eine Batteriespannung von 4 Volt demnach eine Fadenspannung von 3,5 Volt besitzen. Durch eine solche Maßnahme wird einer Überheizung der Röhren vorgebeugt; denn selbst dann, wenn die volle Batteriespannung am Faden liegt, erleidet eine gute Röhre noch keinen Schaden. Weit ungünstiger wäre aber eine Spannung von beispielsweise 2,3 Volt, denn die Überheizung würde, wenn man die volle Batteriespannung an die Röhre bringt, hier rund 75% betragen gegen 14% im vorigen Beispiel.

Während des Betriebes fällt die Spannung der Heizbatterie langsam, und die Röhren erhalten bei gleichem Wert des Heizwiderstandes eine geringere Spannung. Nun macht wohl in manchen Schaltungen ein Spannungsabfall von 0,4 Volt nichts aus und ein Nachregulieren der Widerstände erübrigt sich; andere Schaltungen sind hierin aber wieder sehr empfindlich, und ein Nachstellen der Heizwiderstände darf nicht unterlassen werden. Es leuchtet ein, daß die Nachstellung von nur einem oder zwei Widerständen viel einfacher vorgenommen werden kann, als von fünf bis acht. Kommen Röhren zur Verwendung, die getrennte Heizwiderstände erforderlich machen, oder möchte man in sehr empfindlichen Schaltungen getrennte Widerstände unbedingt beibehalten, z. B. in einem Superhet, so kann man sich auch hier die einfache Nachregulierung beim Abfall der Batteriespannung verschaffen, wenn man die Schaltung der Abb. 53 anwendet. Hier besitzt jede Röhre einen eigenen Heizwiderstand R; außerdem ist ein gemeinsamer Regulierwiderstand R_1 vorgesehen, der einen Wert von 3 oder 5 Ohm besitzen soll. Bei der ersten Einstellung der Heizung stellt man R_1 auf seinen Maximalwert und reguliert die richtige Heizung an den Widerständen R ein. Fällt die Batteriespannung später ab, so braucht man nur noch R_1 nachzuregu-

lieren, indem man hier genau so, wie die Batteriespannung zurück-
geht, immer kleinere Widerstandswerte einstellt; die Widerstände
R bleiben ein für allemal stehen.

Neuerdings werden auch wieder selbstregulierende Heizwiderstände auf den Markt gebracht, die eine Einstellung des Heizstromes von Hand überhaupt überflüssig machen. Die Heizstrom-Reduktoren, wie sie genannt wer-
den, basieren auf dem Prinzip der Eisen-
draht-Wasserstoff-widerstände. Die in Deutschland von der Steatit-Magnesia-
A.-G. hergestellten Dralowid-Redukto-

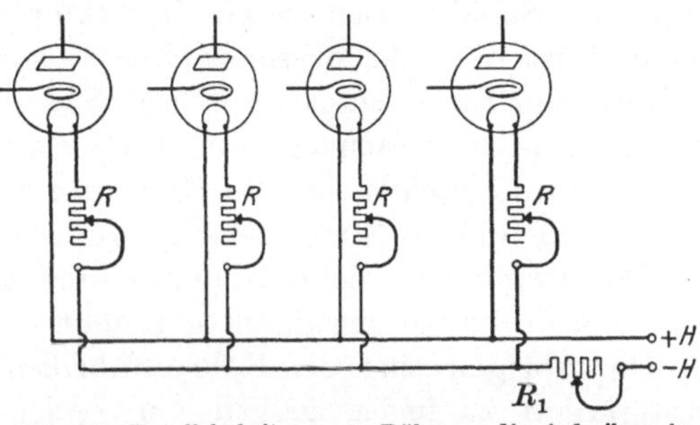

Abb. 53. Parallelschaltung von Röhren, die jede ihren be-
sonderen Heizwiderstand R erhält. Kompensierung des
Spannungsabfalls der Heizbatterie durch den gemeinsamen
Zusatzwiderstand R_1.

ren bestehen aus evakuierten Glaspatronen (Abb. 54), die an
den Enden mit Neusilber-Kontaktkappen versehen sind. In
der Patrone befindet sich ein Gasgemisch, und in diesem der
eigentliche Widerstandsdraht W, der von einer Trägerkonstruk-
tion gehalten wird. Die Enden des Widerstandes stehen mit den

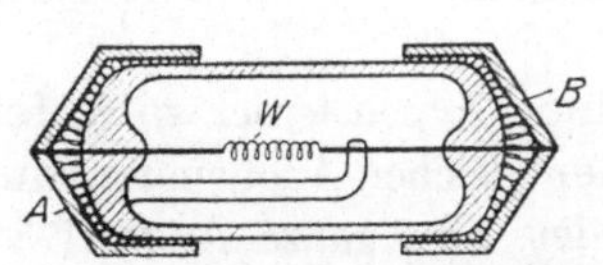

Abb. 54. Selbstregulierender Heizwiderstand (Dralowid-Reduktor) im Schnitt.

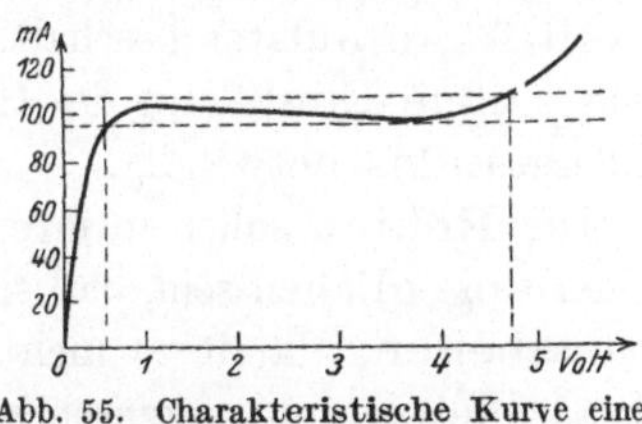

Abb. 55. Charakteristische Kurve eines
Heizstrom-Reduktors.

Kappen A und B in Verbindung. Der Dralowid-Reduktor hat
eine Länge von 45 und einen Durchmesser von 8 bis 9 mm, so
daß er in jedem Halter für Hochohmwiderstände gebraucht werden kann.

Die Wirksamkeit der Heizstrom-Reduktoren besteht darin, daß
der Ohmsche Widerstand bei steigender Spannung zunimmt, und
zwar stets so viel, daß der durch den Widerstand fließende Strom
innerhalb eines großen Bereichs konstant bleibt. Die Kurve Abb. 55

zeigt das deutlicher. Es ist die Kennlinie eines Reduktors für 0,1 Amp. Bei einer Spannung von 0 Volt an den Enden des Widerstandes ist der Strom natürlich ebenfalls 0. Erhöht man die Spannung bis auf 0,5 Volt, so steigt der Strom erheblich an, um von etwa 0,5 Volt bis zu 4,5 Volt vollkommen konstant zu bleiben. Schaltet man diesen Reduktor mit dem Faden einer Röhre hintereinander, die einen Heizstrom von 0,1 Amp. benötigt, so wird der Strom automatisch auf diesem Wert gehalten, auch wenn die Batteriespannung durch die Entladung absinkt. Besonders wertvoll und wichtig sind die Reduktoren dann, wenn man den Heizstrom einem Netzanschlußgerät entnimmt, da die Netzschwankungen, die viel erheblicher sind als die der Akkumulatorenspannung, so unwirksam gemacht werden können.

Im übrigen sind die Röhrenfabriken bemüht, Heizfadenmaterialien zu finden und zu verwenden, die gegen die Höhe der Heizspannung unempfindlich sind. Die Fäden von 4 Volt-Röhren z. B. müssen bereits bei 3 Volt die normale Emission ergeben, sie dürfen aber auch keine Überlastungserscheinungen zeigen, wenn 4 Volt am Faden liegen. Die Radioröhrenfabrik G. m. b. H. hat eine neue Serie von Valvo-Röhren herausgebracht, die derartig anspruchslos an genaue Einhaltung der Heizung sind. Bei diesen Röhren kann der Heizwiderstand überhaupt vollkommen wegfallen, die Röhren werden direkt an einen 2- oder 4 Volt-Akkumulator geschaltet. Nur beim Audion ist zuweilen eine genaue Einstellung des Heizstromes mit Hilfe eines Regulierwiderstandes notwendig.

Die Röhren sollen in ihren einzelnen Typen ferner so aufeinander abgeglichen sein, daß sie mit der gleichen Anodenspannung gut arbeiten, damit es nicht nötig ist, eine ganze Anzahl von Batterieleitungen vorzusehen. Die Versuche einiger Röhrenfabriken, die Röhren so zu dimensionieren, daß für sämtliche die gleiche Anodenspannung vorgeschrieben werden kann, sind deshalb nur zu begrüßen. Für die Verwendung im Zwischenfrequenzverstärker von Superhetgeräten kommen in erster Linie solche Röhren in Frage, die in der Fabrik auf gleichen Schwingungseinsatz geprüft und entsprechend sortiert werden.

Die Erzeugung von Doppelröhren (Zweifach-, Pentatronröhren) liegt durchaus im Sinne der Rundfunkautomatik, da durch sie, wie schon auf Seite 28 näher ausgeführt wurde, zwei Röhren durch eine ersetzt werden können. Ihren größten Wert haben sie aber durch die vollendeten Gegentaktschaltungen, die man mit ihnen aufbauen kann, sowohl Gegentakt-Hochfrequenz- als vor allem Niederfrequenzverstärker, sog. Kraftverstärker. Derartige Endverstärker können so durchgebildet werden, daß man die gesamte Betriebsenergie dem Lichtnetz entnehmen kann, ohne daß Drosselketten notwendig wären, denn die Gegentaktschaltung hat die Eigenschaft, Wechselamplituden, die von den Batterien aus in den Verstärker gelangen, völlig auszulöschen. Näheres über diese Verstärker ist Seite 80 gesagt.

Zu den Doppelröhren gesellten sich neuerdings Drei- und Vierfachröhren. Bei Benutzung dieser Röhren geht die Vereinfachung eines Empfangsgerätes bereits ziemlich weit, da man 2 bzw. 3 Fassungen und Heizwiderstände und den entsprechenden Platz spart. Die Mehrfachröhren enthalten nur Eingitter-Röhrensysteme mit gemeinsamem Heizfaden, keine Kopplungsglieder, diese sind vielmehr außerhalb der Röhre anzuordnen. Das hat den Vorteil, daß man die Röhren in beliebigen Schaltungen verwenden kann. So empfiehlt es sich, bei einer Dreifachröhre das erste System als Rückkopplungsaudion, das zweite als Niederfrequenzver-

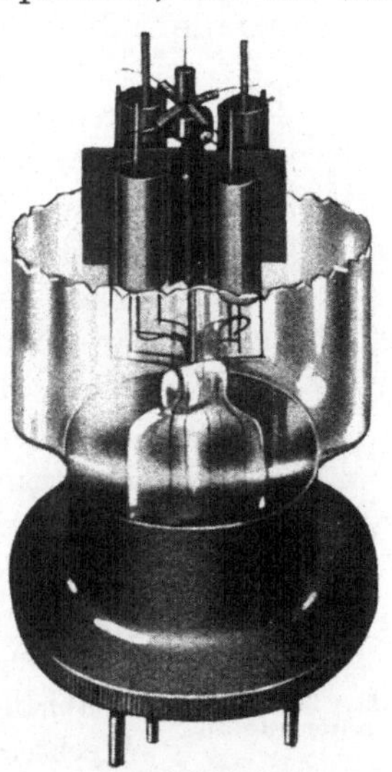

Abb. 56. Innenansicht der Polytron-Vierfachröhre nach Dr. G. O. Spanner.

stärker und das dritte als Endstufe arbeiten zu lassen, in einer Vierfachröhre das erste als Hochfrequenzverstärker, das zweite als Rückkopplungsaudion, das dritte als Niederfrequenzverstärker und das vierte als Endstufe. Der Aufbau der Drei- und Vierfachröhren ist sehr interessant. Abb. 56 zeigt als Beispiel die Inneneinrichtung einer Polytron-Vierfachröhre. Man erkennt die vier Röhrensysteme mit senkrecht stehenden Anodenzylindern und dazwischen Abschirmbleche, die eine statische Abschirmung der Systeme voneinander vornehmen, damit gegenseitige Beeinflussungen unterbleiben.

Schließlich sei auch auf die Mehrfachröhren mit eingeschlossenen Kopplungsgliedern hingewiesen, durch die der Aufbau guter Empfangsgeräte sehr vereinfacht werden kann. Die gleiche wichtige Rolle spielen die in kleinem Format gebauten Widerstandsverstärker (Arcolette).

Auf Seite 54 wurde bereits auf die direkt aus dem Netz zu beheizenden Wechselstromröhren hingewiesen. Diese Röhren weichen insofern von den bekannten batteriegeheizten Röhren ab, als der Heizfaden nicht gleichzeitig Kathode ist, sondern eben nur Heizfaden; die in ihm erzeugte Wärme wird an eine besondere, elektrisch vom Heizfaden unabhängige Kathode weitergeleitet. Abb. 57 verdeutlicht den Aufbau einer solchen indirekten Röhre: A ist der Heizfaden, durch den der niedergespannte Wechselstrom (2 bis 4 Volt, 1 bis 2 Amp.) fließt. Der Faden ist von einem Isolierröhrchen B umgeben, an das die Wärme weitergegeben wird. Die Oberfläche des Röhrchens, das in einzelnen Röhren aus Quarz besteht, trägt nun die eigentliche emittierende Schicht, die also auf rein thermischem Wege erhitzt wird. Durch diesen Aufbau wird erreicht, daß die Temperatur und Elektronenabgabe der emittierenden Kathode von der Spannung und Temperatur des Heizfadens vollkommen unabhängig ist. Infolge dieser Trägheit ist der Wechselstrom, der durch den Heizfaden fließt,

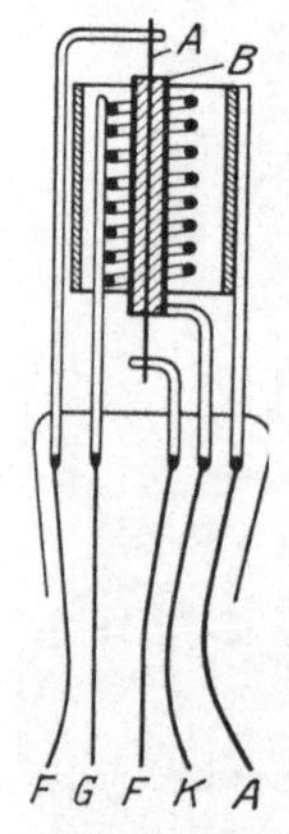

Abb. 57. **Prinzip einer indirekt beheizten Röhre.**

ohne jeden Einfluß auf die Emission, und Wechselstromgeräusche sind nicht zu bemerken. In der Verwendung der Wechselstromröhren ist in der Hauptsache auf die völlige Trennung zwischen Heizfaden und Kathode Rücksicht zu nehmen. Die Kathode liegt an einer besonderen Kontaktstelle des Sockels. Teilweise verwendet man den genormten Sockel mit fünf Steckern, an dessen Mittelstecker die Kathode liegt, teilweise auch den Europasockel mit Seitenklemme; die Kathode ist dann mit letzterer verbunden.

In der Tabelle auf Seite 65 wurden die wichtigsten am Markt befindlichen Wechselstromröhren mit ihren Daten zusammengestellt. Ihre Verwendung und Schaltung folgt auf Seite 72.

Tabelle der Wechselstromröhren.

Type	Heiz-strom	Heiz-spannung	Heiz-energie	Anoden-spannung	Sätti-gungs-strom	Steil-heit	Durch-griff	Ver-stär-kungs-ziffer	Innerer Wider-stand	Bemerkungen
	Amp.	Volt	Watt	Volt	m A.	m A/V.	%		Ohm	
Valvo A 2200 W	1,5	2,0—2,5	3,75	20—150	50	1,0	6,6	15	15000	Indirekte Heizung; Europasockel mit Seitenklemme
Ultra-Sinus A. .	2,5	1,8	4,5	20—100	40	1,5	7	14	9500	Indirekt beheizte Röhren mit Europasockel
Ultra-Sinus E. .	2,5	1,8	4,5	50—180	80	2,0	25	4	2000	
Altron K/N. . .	1,25	0,8	1	60—100	30	1,0	15	7	6700	Halb indirekt beheizte Röhren mit Europasockel
Altron K/AH . .	1,25	0,8	1	60—100	30	0,9	8	12,5	14000	
Altron L/N . . .	2,2	3,7	8,14	80—150	35	2,5	20	5	2000	Indirekte Heizung; Europasockel mit 2 Seitenklemmen
Altron L/AH . .	2,2	3,7	8,14	60—100	20	2	8	12,5	5500	
VT 134	2,0	1,5	3	bis 120	je 20	je 1,0	10	10	10000	Direkt zu beheizende Wechselstrom-Doppelröhren
VT 137	2,0	3,0	6	bis 120	je 30	je 1,5	10	10	6700	
VT 132	1,1	3,6	4	bis 120	je 25	je 1,1	10	10	9000	Indirekt zu beheizende Wechselstrom-Doppelröhre
VT 141	1,1	3,6	4	bis 120	50	2,2	10	10	4500	Indirekt beheizte Wechselstromröhren
REN 1104 . . .	1,1	3,5	4	70—200	40	1,5	10	10	10000	

Die Röhren wurden in alphabetischer Reihenfolge der Herstellerfirmen aufgeführt.

b) Schaltungstechnisches.

Die für automatische Rundfunk-Ortsempfänger geeignete
Empfangsschaltung ist, soweit ein Betrieb mit Batterien in Frage
kommt, die Widerstandsempfängerschaltung der Abb. 3 (mit
Rückkopplung) oder in einer besonders einfachen Form ohne
Rückkopplung die der Abb. 58. Der Heizwiderstand R wird fest
eingestellt und braucht nicht bedient zu werden; in der Schaltung
müssen Röhren mit gleicher Fadenspannung zur Verwendung
kommen. Der Kondensator C wird einmal auf den Ortssender
genau eingestellt und bleibt dann stehen. Er erhält keinen Knopf,
sondern seine Achse endigt in der Isolierplatte und kann nur durch
einen Schraubenzieher oder durch einen besonderen Schlüssel

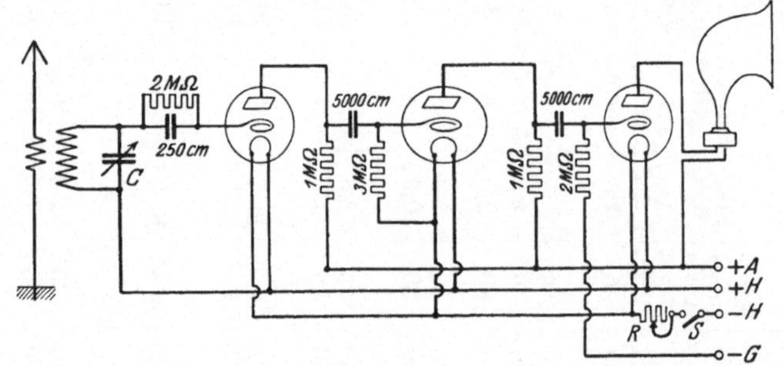

Abb. 58. Widerstands-Verstärkerschaltung für den automatischen Ortsempfänger.

betätigt werden. Ebenso wird die günstigste Kopplung zwischen
den — innen liegenden — Spulen nur einmal eingestellt und dann
belassen. Die ganze Bedienung beschränkt sich später auf das
Ein- und Ausschalten des Schalters S. D. h., ein Ortsempfänger
nach diesem Prinzip verlangt nicht mehr Bedienung als die elektrische Lichtanlage.

Bei der Verwendung einwandfreier Einzelteile und bei sach-
gemäßem Aufbau sind Versager völlig ausgeschlossen. Wird der
Empfang zu leise, so kann das nur ein Zeichen dafür sein, daß die
Heizbatterie geladen werden muß oder die Anodenbatterie ent-
laden ist. Selbst durch vorgesehene Regulierungsmöglichkeiten
könnte der Empfang nicht verbessert werden; dieser automatische
Empfänger, für den die Telefunken-Arcolette ein industrielles
Beispiel ist, gibt die besten mit diesem Prinzip zu erreichenden
Leistungen.

Die Schaltung kann keine Anwendung finden, wenn der gesamte Betriebsstrom dem Netz entnommen werden soll. Sie kann nur in Verbindung mit einem Anodenspannungsapparat gebraucht werden, wenn der Heizstrom weiterhin von Akkumulatoren geliefert wird. Für Netzbetrieb, also Entnahme des Heiz- und des Anodenstromes und gegebenenfalls auch der Gitterspannung aus dem Netz, kommt die Gegentaktschaltung in Frage, die von Dr. Dietz durchgebildet worden ist und die unsere Abb. 59 für

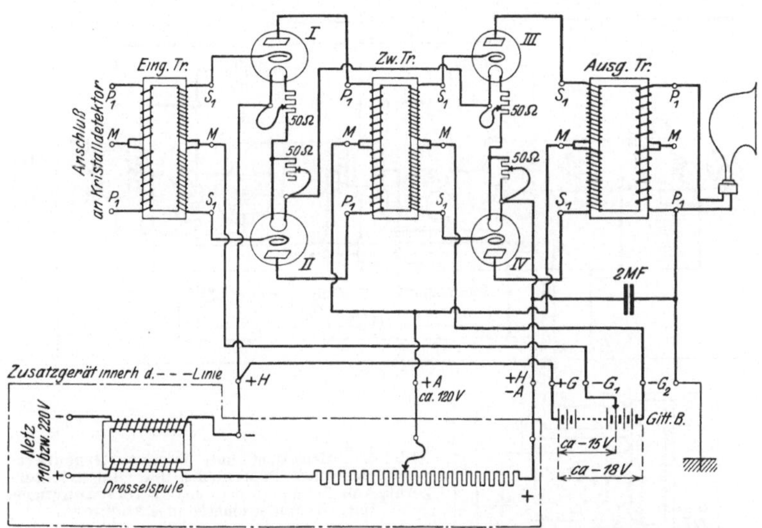

Abb. 59. Schaltung eines Zweifach-Gegentaktverstärkers mit Vorrichtung zur Entnahme der Heiz- und Anodenspannung aus dem Gleichstromnetz (nach Dr. Dietz).

Gleichstrom und Abb. 60 für Wechselstrom darstellt. Die zur Verwendung gelangenden Verstärkerröhren sind in Abb. 60 als Doppelröhren gezeichnet; es können natürlich auch hier Eingitterröhren Verwendung finden; pro Verstärkerstufe werden zwei benötigt. Die Funktion der Gegentaktschaltung wird als bekannt vorausgesetzt. Da die Netzspannungen im Nullpunkt der Verstärkeranordnung angreifen (auch die Heizfäden sind als Nullpunkt anzusehen), findet eine völlige Aufhebung der Geräusche im letzten Transformator statt. In der Schaltung sind für Einfach- wie für die normalen Doppelröhren Kompensationswiderstände notwendig; würden wir Doppelröhren mit genau in der Mitte angezapftem

Heizfadensystem verwenden, so würden nicht nur diese Widerstände übrig werden, sondern dann würden die batterielosen
Gegentaktverstärker erst so vollendet arbeiten, wie es theoretisch
möglich ist. Eine derartige Doppelröhre ist als VT 133 im Handel
erschienen.

In diesem Zusammenhang ist ganz besonders auf die Arbeiten
von **Dr. Eugen Nesper** hinzuweisen, der sich seit Jahren in
erfolgreicher Weise mit der Entwicklung sog. Lichtnetzemp-

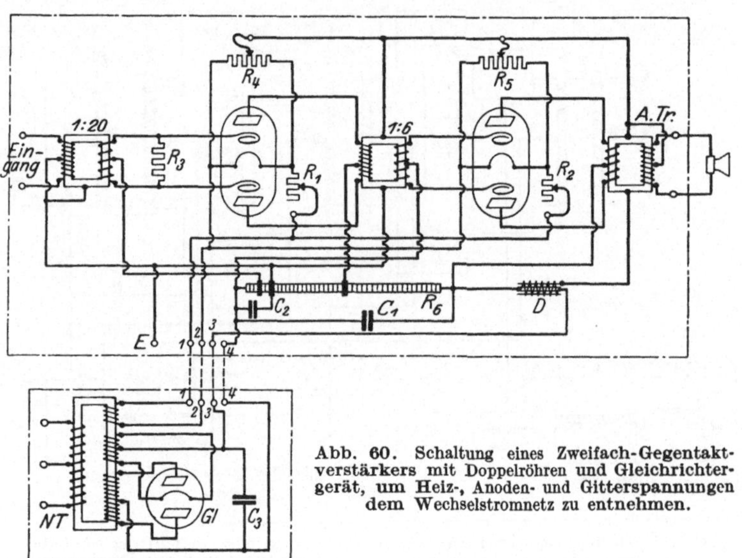

Abb. 60. Schaltung eines Zweifach-Gegentaktverstärkers mit Doppelröhren und Gleichrichtergerät, um Heiz-, Anoden- und Gitterspannungen
dem Wechselstromnetz zu entnehmen.

fänger befaßt, in der Erkenntnis, daß nicht Heiz- und Anoden-
strom-Netzanschlußgeräte, die wie bisher die Batterien an die
Empfangsapparatur angeschlossen werden, etwas Endgültiges und
Vollkommenes sein können, sondern nur solche Apparate,
die ein Empfangsgerät mit Niederfrequenzverstärker darstellen,
das mit einer Einrichtung zur Entnahme sämtlicher Betriebs-
energien aus dem Lichtnetz in einer Einheit zusammengebaut ist.
Schon jetzt zeigt sich, daß der Lichtnetzempfängger ohne Zweifel
der Empfänger der Zukunft sein wird, und diese Entwicklungs-
arbeiten haben deshalb ein ganz besonderes Interesse zu bean-
spruchen. Hinzu kommt, daß eine Entnahme des Betriebs-

stromes aus dem Gleichstromnetz überhaupt nur möglich ist,
wenn es sich um einen geschlossenen Lichtnetzempfänger, nicht
um ein vom Empfänger getrennt vorhandenes Netzanschlußgerät

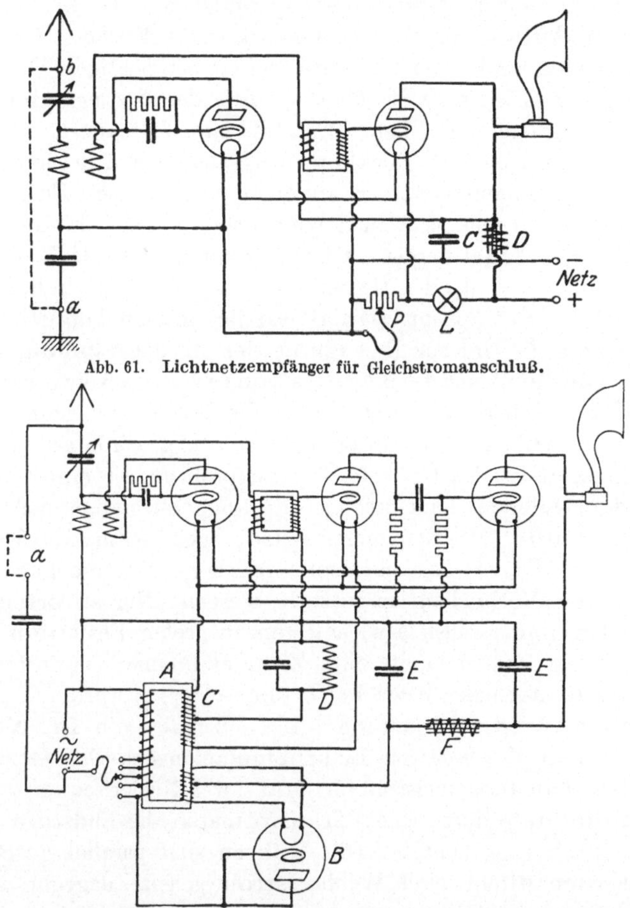

Abb. 61. Lichtnetzempfänger für Gleichstromanschluß.

Abb. 62. Lichtnetzempfänger für Wechselstromanschluß.

handelt, denn Netzanschlußgeräte für Gleichstrom sind vom
V.D.E. nicht zugelassen.

In den Abb. 61 und 62 [1] sind die wichtigsten der von Dr. Nesper

---

[1] Aus: Lichtnetzempfänger (Netzanschlußempfänger) von Dr. Eugen
Nesper. Union Deutsche Verlagsgesellschaft, Zweigniederlassung Berlin.

angegebenen Schaltungen für Lichtnetzempfänger wiederge-
gegeben. Abb. 61 zeigt zunächst die Schaltung eines sehr einfachen Ortsempfängers zum Anschluß an ein Gleichstromnetz,
der dank seiner guten Leistungsfähigkeit, die er bei ein-
fachstem Aufbau erzielt, und der absoluten Freiheit der Lautsprecherwiedergabe von Netzgeräuschen bei richtiger Dimensionierung der Glieder des Siebkreises unter den Bastlern eine große
Verbreitung gefunden hat. Es ist ein 2-Röhren-Empfänger,
dessen erste Röhre als Rückkopplungsaudion und dessen zweite
als Niederfrequenzverstärker arbeitet. Die beiden Empfängerröhren müssen von gleichem Stromverbrauch sein, da sie hintereinander geschaltet werden. Die Glühlampe L ist als Heizwiderstand anzusehen, die den Heizstrom auf den erforderlichen Wert
herabsetzt. Der Spannungsabfall an ihr und am Potentiometer-
widerstand P wird zur Erzeugung der Anodenspannung ausge-
nützt. Die Reinigung des Betriebsstromes von den Netzgeräuschen
wird durch den Kondensator C und die Drossel D vorgenommen.

Die in Abb. 61 wiedergegebene Schaltung wurde an den verschiedensten Stellen Groß-Berlins ausprobiert; sie ergab überall
zufriedenstellenden Lautsprecherempfang, ohne daß eine Antenne
benutzt wurde. Der Empfänger wurde bei a an eine Rohrleitung
(Gas oder Wasser) angeschlossen; hierbei mußte die gestrichelt
gezeichnete Verbindung hergestellt werden. Nur an ortsungün-
stigen Empfangsstellen bzw. solchen in großer Entfernung vom
Witzlebener Sender mußte eine Zimmerantenne verwendet werden, die in normaler Weise bei b angeschlossen wurde.

Abb. 62 zeigt die Schaltung eines ebenfalls von Dr. Nesper
angegebenen Wechselstrom-Lichtnetzempfängers. Das Gerät besitzt ein Rückkopplungsaudion und zwei Niederfrequenzstufen,
davon die erste durch einen Transformator, die Endstufe durch
Widerstände angekoppelt. Die Röhren sind parallel geschaltet
und werden direkt durch Wechselstrom geheizt, dagegen ist für
die Lieferung des Anodenstromes eine Gleichrichteranordnung
vorgesehen, die aus einem Transformator mit Glühkathoden-
gleichrichter, Drossel und Kondensatoren besteht. An einer
guten Hochantenne betrieben gab ein derartiger Apparat guten
Fernempfang, während er ohne Antenne, nur an das Lichtnetz
angeschlossen (Kurzschlußstecker a einfügen), als Lautsprecher-
Ortsempfänger gebraucht werden kann.

Für möglichst automatisch arbeitende Fernempfänger kommt in erster Linie die Neutrodyneschaltung in Frage. Wenn man die Hochfrequenztransformatoren genau aufeinander abstimmt und sie durch Kapselung äußeren Einflüssen entzieht, kann man die drei Abstimmkondensatoren durch nur einen Knopf betätigen. Am aussichtsreichsten ist die Solodyneschaltung der Abb. 63, die zwei Hochfrequenzstufen, ein rückgekoppeltes Audion mit kapazitiver Regulierung der Rückkopplung und zwei Niederfrequenzstufen besitzt und deren Abstimmkondensatoren C_1, C_2 und C_3 mechanisch gekoppelt werden können bzw. in Form eines Dreifachkondensators zur Anwendung kommen. Die Heizwiderstände werden einmal eingestellt, desgleichen die Neutrodone C_N, so daß außer dem Abstimmknopf nur der Zentralschalter zu betätigen ist. Bedingung ist aber die Verwendung einwandfrei aufeinander abgeglichener und gekapselter Hochfrequenztransformatoren wie der Einbau solcher Drehkondensatoren, die bei der ersten Einregulierung etwas gegeneinander verstellt werden können oder die Ausgleichs-

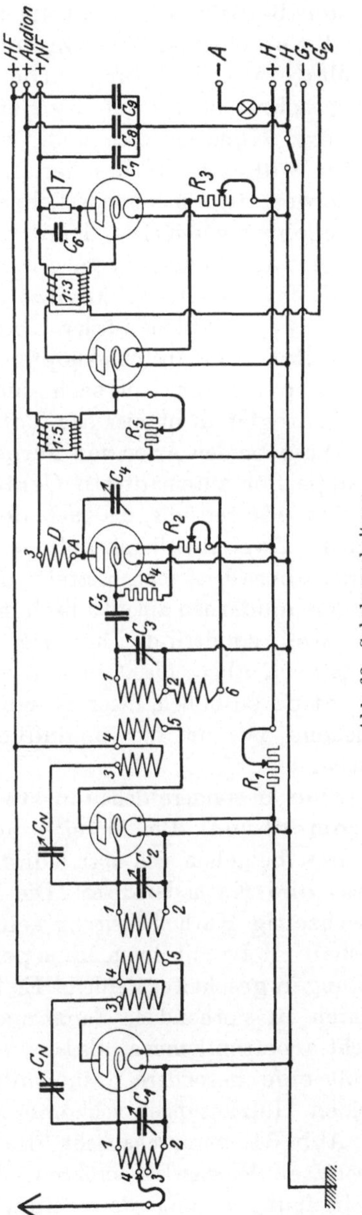

Abb. 63. Solodyneschaltung.

platten besitzen. Die Schaltung ist für offene Antenne bestimmt; sie gibt an einer leidlichen Zimmerantenne oft bessere Empfangsresultate als ein Superhet. Die Bedienung ist denkbar einfach, sie beschränkt sich auf die Betätigung des Abstimmgriffes für die drei Kondensatoren und, wenn man größte Lautstärke erzielen will, auf die Regulierung der Rückkopplung durch C_4. Außerdem ist ein veränderlicher Hochohmwiderstand R_5 (0,1 bis 1 Megohm) vorgesehen, damit man die Lautstärke notwendigenfalls etwas dämpfen kann, ohne die Kreise zu verstimmen, was ein Nachlassen der Selektivität zur Folge hätte.

An zweiter Stelle ist der Überlagerungsempfänger zu nennen; er besitzt zwei Abstimmknöpfe und ist durchaus noch leicht zu bedienen, allerdings nur nach einer Kurve oder Tabelle. Als Lautstärkenregler dient hier das Potentiometer.

Diese beiden Arten von Fernempfängern sind allein als in die Gruppe der automatischen Geräte hineingehörend anzusprechen, es sind übrigens die, die auch den amerikanischen Markt beherrschen. Zwei Abstimmknöpfe ist das Maximum, was zugelassen wird; überall ist man bestrebt, mit einem Knopf auszukommen. In den modernen amerikanischen Empfängern wendet man nicht nur zwei, sondern drei und vier Hochfrequenzstufen an, die gut metallisch abgeschirmt sind, die dadurch etwas an Verstärkung pro Stufe einbüßen, deren Gesamtverstärkung aber dennoch ausreichend ist, um die empfindlichsten Empfangsapparate abzugeben.

Eine besondere Schaltungstechnik verlangen die Wechselstromröhren. Die Abweichungen gegenüber batteriegeheizten Röhren beziehen sich aber lediglich auf die Ausbildung der Batterie- und Kathodenkreise. Die Heizleitungen können hier nicht gleichzeitig Kathodenleitung sein, und die Anodenbatterie kann deshalb nicht mit ihrem Minuspol direkt an eine der beiden Heizleitungen geschaltet werden. Es ist nicht möglich, Wechselstromröhren in vorhandene Empfänger einzusetzen; sie würden hier nicht arbeiten können. Es ist vielmehr notwendig, im Empfangsgerät eine besondere Kathodenleitung vorzusehen, von der die beiden Heizleitungen vollkommen zu trennen sind.

Abb. 64 veranschaulicht die Prinzipschaltung der indirekt beheizten Wechselstromröhren. Der Heizfaden steht durch zwei Heizleitungen mit der Sekundärwicklung des Heiztransformators T in Verbindung. Parallel zur Sekundärwicklung liegt ein Potentiometer P von etwa 40 Ohm; der Mittenkontakt ist mit den Kathoden verbunden, und hier wird auch der Minuspol der Anodenbatterie angeschlossen. Durch diese Maßnahme läßt man die Anodenspannung im neutralen Punkt angreifen, und letzte eventuell noch vorhandene Netzgeräusche lassen sich durch richtige Einstellung des Mittenkontaktes vermeiden.

Da die Wechselstromröhren durch das Prinzip der indirekten Heizung die Nebengeräusche vollkommen unterdrücken, kann man sie in jeder beliebigen Schaltung, auch in empfindlichster, verwenden. Als Beispiel sei angeführt, daß man bereits Superheterodyne- und Neutrodyneempfänger mit Wechselstromröhren ausrüstete; selbst bei der großen Röhrenzahl wie der sehr erheblichen Empfindlichkeit

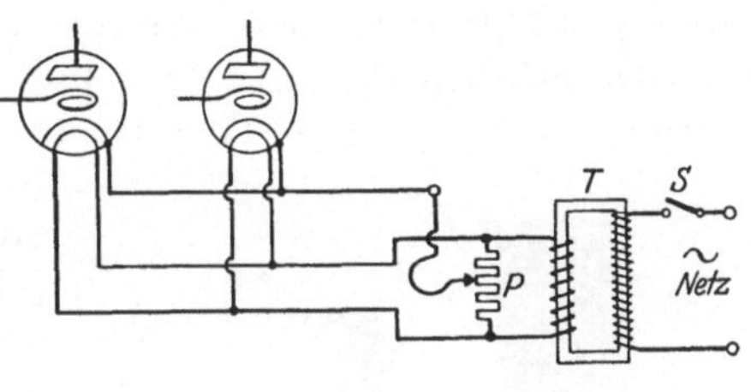

Abb. 64.

dieser Empfänger war ein Wechselstromgeräusch nicht feststellbar.

Wichtig ist, daß die Heizleitungen möglichst von allen anderen Leitungen getrennt verlegt werden, damit die Wechselspannung nicht durch induktive Beeinflussung in den Empfänger gelangt. Sie müssen ferner genügend stark gewählt werden, um die hohen Heizströme der Wechselstromröhren ohne merkbaren Spannungsabfall fortzuleiten. Aus dem gleichen Grunde sind die Leitungen vom Heiztransformator zu den Röhren möglichst kurz zu halten. Verwendet man vollkommen abgeschirmte Transformatoren, deren Streufeld unterdrückt ist, so ist der direkte Einbau in den Empfangsapparat anzuraten. Es hat sich eingebürgert, die Heiztransformatoren auf bestimmte Röhrentypen und -zahlen abzugleichen, so daß Heizwiderstände nicht vorgesehen werden. Eine genaue Einstellung der Heizung ist bei den Wechselstromröhren meist nicht notwendig; sie sind in dieser Hinsicht nicht allzu empfindlich.

c) Spezialeinzelteile.

Rundfunkempfänger in vorstehendem Sinne benötigen Spezialeinzelteile, von denen die Leistungen des Apparates, der Grad der möglichen Automatisierung, sehr abhängig ist. Diese Spezialteile sind die Spulen bzw. Hochfrequenztransformatoren und die Drehkondensatoren.

Die Anforderung, die an die Spulen zu stellen ist, ist völlige Gleichheit in allen elektrischen Eigenschaften und völlige Unveränderlichkeit. Die erste Eigenschaft kann durch sehr sorgfältige und präzise Fabrikation, die zweite durch stabile Ausführung und Abschirmung erreicht werden; die letztere ist notwendig, um äußere Einflüsse auszuschalten. Die geeignetste Spulenform ist die Zylinderspule, deren Wicklungskörper jedoch nicht aus dünner Pappe gewählt werden darf, sondern aus möglichst massivem und unveränderlichen Material. So hat sich ein Wickelkörper aus Hartgummirohr größerer Wandstärke gut bewährt. Die Kapselung wird in Reinaluminium vorgenommen; damit die Metallhülle nicht zu voluminös werden braucht, gibt man der Spule einen möglichst geringen Durchmesser. Durch hochwertigste Ausführung müssen die hierdurch entstehenden Verluste wett gemacht werden.

Abb. 65. Becher-Hochfrequenztransformator
(G. Rohland & Co., G. m. b. H., Berlin).

Abb. 65 gibt die Ansicht eines Hochfrequenztransformators für Neutrodyneschaltungen, der speziell für die Bedürfnisse der Solodyneschaltung entwickelt worden ist. Er besteht aus einem Hartgummikörper A, auf dem die Wicklung aus Hochfrequenzlitze B untergebracht ist: Die Spulenenden sind mit den Steckkontakten C verbunden. D ist die Hartgummisockelplatte, die das Metallschirm-Unterteil E und die Steckbuchsen F trägt. In die letzteren passen die Stecker des Transformators hinein. G ist schließlich der aus einem Stück gezogene Aluminiumbecher, der über den Transformator gestülpt wird und der seinen Halt durch den hochgebördelten Rand der unteren Schirmplatte E findet. Derartige sog. Bechertransformatoren werden für die Wellenbereiche 250 bis 600 und 1000 bis 2000 genau aufeinander abgeglichen geliefert.

Der zweite wichtige Bestandteil der sogen. Einknopfempfänger ist der Mehrfachdrehkondensator. Man hat hier insgesamt drei verschiedene Wege beschritten, um dieses Abstimmelement zu erhalten. Zunächst hat man den Empfänger mit drei völlig gleichen, aber sonst ganz normalen Drehkondensatoren ausgerüstet, deren Achsen man aber nicht durch die Frontplatte hindurch-

führte und hier mit einem Knopf ausrüstete, sondern die man innerhalb
des Apparates mit Seilscheiben versah.
Nur die eine, meist die mittlere, Achse
wurde nach außen geführt und erhielt
den Drehknopf. In die Nuten der
Seilscheiben wurden endlose straff ge-
spannte Seilzüge eingelegt, so daß man,
wenn man an dem Knopf drehte, sämtliche drei Drehkondensatoren um den

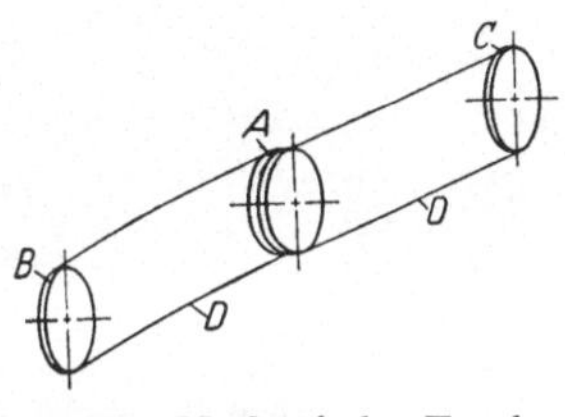

Abb. 66. Mechanische Kopplung von drei Drehkondensatoren mit Hilfe endloser Seile aus Antennenlitze.

gleichen Betrag verstellte. Aus Abb. 66 ist diese Art der Kopplung in schematischer Weise zu ersehen. Die Achse des mittleren
Kondensators trägt eine Scheibe mit zwei
Nuten A, die beiden äußeren Achsen Scheiben mit nur einer Nut B und C. D sind die
Seilzüge, die am besten aus Antennenlitze
bestehen.

Es leuchtet ein, daß eine derartige
mechanische Kopplung verhältnismäßig pri-
mitiv ist. Sie ist in ihrer Genauigkeit von
den Abmessungen der Scheiben und von
der Spannung des Seils abhängig. Da eine
absolute Genauigkeit auf diese Weise nicht
zu erzielen ist, rüstet man die beiden äußeren
Drehkondensatoren mit Feineinstellungen

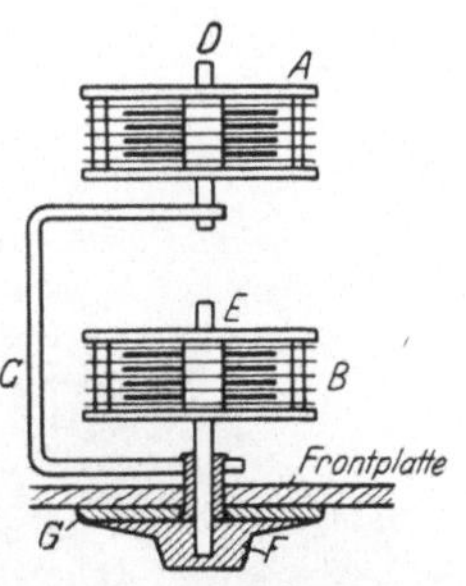

Abb. 67. Anordnung, um zwei Drehkondensatoren durch einen Knopf verstel-len zu können (G. Schaub).

aus, die nach außen geführt werden, so daß ein Nachstimmen
der Schwingungskreise möglich ist.

Ausreichend ist diese Methode der mechanischen Kopplung
aber bei zwei Drehkondensatoren. Hier findet man auch eine
zweite ebenfalls einfache Methode angewendet, die in Abb. 67
skizziert ist. A und B sind die beiden Drehkondensatoren mit den
Achsen D und E. Die Achse E geht direkt durch die Frontplatte
hindurch und trägt den Knopf F. Die zweite Achse ist mit einem
Bügel C ausgerüstet, der den Kondensator B umgeht und der eine
Buchse trägt, die so straff auf der Achse E sitzt, daß der Konden-

sator A mitgenommen wird, wenn man den Knopf F dreht. Die Buchse ist schließlich mit einer Kordelscheibe G versehen, so daß man den Kondensator A auch unabhängig von B verstellen kann.

Abb. 68. Dreifachdrehkondensator, aus drei einzelnen Kondensatoren zusammengesetzt. (Nürnberger Schraubenfabrik und Facondreherei.)

Abb. 69. Torsionskupplung für Drehkondensatoren, System Rinkel.

Die zweite Art des Mehrfachdrehkondensators setzt sich ebenfalls aus mehreren normalen Kondensatoren zusammen, die aber so eingerichtet sind, daß ihre Achsen durch Kupplungsbuchsen verbunden werden können. Aus Abb. 68 ist ein solcher aus Einfach-Drehkondensatoren zusammengestellter Dreifachkondensator zu ersehen. Die Kondensatoren können bei der ersten Justierung für sich verändert werden, wenn man die Madenschrauben der Buchsen löst. Es ist empfehlenswert, an Stelle der starren Buchse eine Torsionskupplung zu ver-

Abb. 70. Dreifachdrehkondensator mit Ausgleichsplatten (Förg & Co., München).

wenden, wie sie in Abb. 69 gezeigt wird. Diese Kupplung besteht aus einem von zwei Seiten vielmals eingeschlitzten Vierkantrohr A, in dessen Enden Isolierteile B mit den Befestigungsbuchsen C eingesetzt sind. Die Dehnung der einzelnen Lamellen dieses

Kupplungsstückes gegeneinander ist so groß, daß selbst erhebliche Ungenauigkeiten beim Zusammenbau der Kondensatoren ausgeglichen werden.

Die dritte Art der Mehrfachkondensatoren sind Drehplattenkondensatoren, die von vornherein als Mehrfachkondensatoren konstruiert sind. Ein Beispiel gibt Abb. 70 wieder; es zeichnet sich dadurch aus, daß Ausgleichplatten vorgesehen sind, durch die ein Ausgleich evtl. Spulenunregelmäßigkeiten bis zu einem gewissen Grade vorgenommen werden kann.

Die Bedienung von zwei oder drei Drehkondensatoren kann ferner dadurch zu einer fast gemeinsamen gemacht werden, daß

Abb. 71. Dreifach-Drehkondensator mit Trommelantrieb
(Nürnberger Schraubenfabrik und Facondreherei).

man sie nicht fest miteinander koppelt, wie bisher beschrieben, sondern die Drehknöpfe oder besser -scheiben ganz eigenartiger Ausbildung so dicht nebeneinander anordnet, daß sie gleichzeitig betätigt werden können. Ein solcher Mehrfachdrehkondensator besteht aus drei Drehkondensatoren, deren Achsenmitten genau übereinstimmen und deren Achsen zudem röhrenförmig ineinander liegen. Jede Achse trägt eine der nebeneinander befindlichen Skalenscheiben. Der Satz wird so in einen Empfänger eingebaut, daß die Skalenscheiben etwa 10 bis 20 mm aus der Frontplatte herausragen. Da die Platten und Achsen Reibung gegeneinander haben, läßt sich der ganze Satz gleichzeitig um dieselben Beträge verstellen. Diese Reibung ist aber nicht so groß daß man nicht auch einen einzelnen Kondensator dadurch daß man eine Scheibe allein bewegt, für sich verstellen könnte.

Eine besondere Art der Zusammenkupplung wie des Antriebes findet bei dem Dreifach-Drehkondensator der Abb. 71 Anwendung. Die Verstellung der mechanisch miteinander gekuppelten Kondensatoren erfolgt durch den unten in der Mitte sichtbaren Drehknopf, auf dessen Achse die Enden einer Darmsaite gewickelt und befestigt sind, die über die zwischen dem linken und den beiden rechten Kondensatoren sichtbare Trommel läuft. Dreht man den Knopf, so wickelt sich die Saite an einem Ende der Achse auf und am anderen ab; die Trommel und dadurch die Kondensatoren werden durch Reibung mitgenommen. Die Trommel hat außerdem die Skalenteilung erhalten. Baut man den Kondensator in einen Empfänger ein, so steht er parallel zur Frontplatte, was sich für die Abmessungen des Gerätes und für die Anordnung der übrigen Teile als besonders günstig erweist.

Abb. 72. Geschirmte Hochfrequenzstufe, auseinandergenommen.

Die in Abb. 65 gezeigte Schirmung des Hochfrequenztransformators reicht in unmittelbarer Nähe des Senders nicht aus, um dessen starke Schwingungen vom Empfänger fernzuhalten. Hier erweist sich eine völlige Abschirmung des gesamten Gerätes als notwendig. Die vorteilhafteste Art einer solchen Abschirmung ist die, je eine Hochfrequenzstufe mit zugehörigem Hochfrequenztransformator und Drehkondensator in einen geschlossenen Aluminiumkasten zu setzen. Soll die Schirmwirkung maximal sein, so muß der Kasten vollkommen geschlossen sein, er darf außer kleinen Durchbrechungen für die Leitungen, die zu den Batterien und zum nächsten Kasten gehen, keinerlei Öffnungen besitzen. Andererseits muß er sich leicht öffnen lassen, damit eine Auswechselung der Röhre möglich ist. Aus diesem Grunde haben sich rechteckige Kästen mit Stülpboden und Stülpdeckel eingeführt, wie in Abb. 72 wiedergegeben, die eine komplette zerlegte Hochfrequenzstufe darstellt. Wir erkennen links unten den Schirmboden mit eingelegter Isolier-

platte, auf der der Drehkondensator A, der Hochfrequenztransformator B, der Blockkondensator C, die Röhrenfassung D
und schließlich die Drossel E angebracht sind. Rechts daneben
ist der Schirmkasten mit der Bohrung für die Kondensatorachse
und mit schräg darüber gelegtem Deckel zu sehen, während
links oben eine völlig geschlossene geschirmte Hochfrequenzstufe
abgebildet ist. Abb. 73
schließlich läßt ersehen,
wie die geschirmten Ein-
heiten, die fertig in den
Handel kommen, zu einem
Empfänger zusammenge-
setzt werden. Vereinzelt
geht man so weit, daß man
die geschirmten Hochfre-
quenzstufen plombiert liefert, damit Abstimmung
und Schirmwirkung durch
das Öffnen nicht geändert
werden können.

d) Der Apparatebau.

Der Bau automatisch
arbeitender Ortsempfänger
dürfte nach den erörterten
Gesichtspunkten keinerlei
Schwierigkeiten bieten. Der
Vollständigkeit halber sei
in Abb. 74 der Bauplan

Abb. 73. Der Zusammenbau eines Fernempfängers
aus geschirmten Einheiten.

für ein Empfangsgerät wiedergegeben, das nach Schaltung
Abb. 58 hergestellt ist; die wichtigsten Abmessungen sind ein-
getragen. Sämtliche Teile werden auf einer Isoliergrundplatte
angebracht, die unter Zwischenlage von Distanzstücken auf
den Boden eines Kästchens aufgeschraubt wird. Nach voll-
endeter Montage und Ausprobierung werden die zusammen-
gezinkten Kastenwände mit dem durch Scharniere angehängten
Deckel auf die Grundplatte gestellt und durch Holzschrauben von
unten fest geschraubt. Der leichten und guten Montage wegen wie
im Interesse einer einwandfreien Isolation werden die Einzelteile

also nicht direkt auf den Holzboden geschraubt, sondern auf die
Isolierplatte; die Leitungen können unter derselben verlegt und
damit der Sichtbarkeit entzogen werden. An den beiden Schmal-
seiten der Isolierplatte sind schmale Buchsenleisten befestigt, die
die Buchsen einerseits für Antenne und Erde, andererseits für die

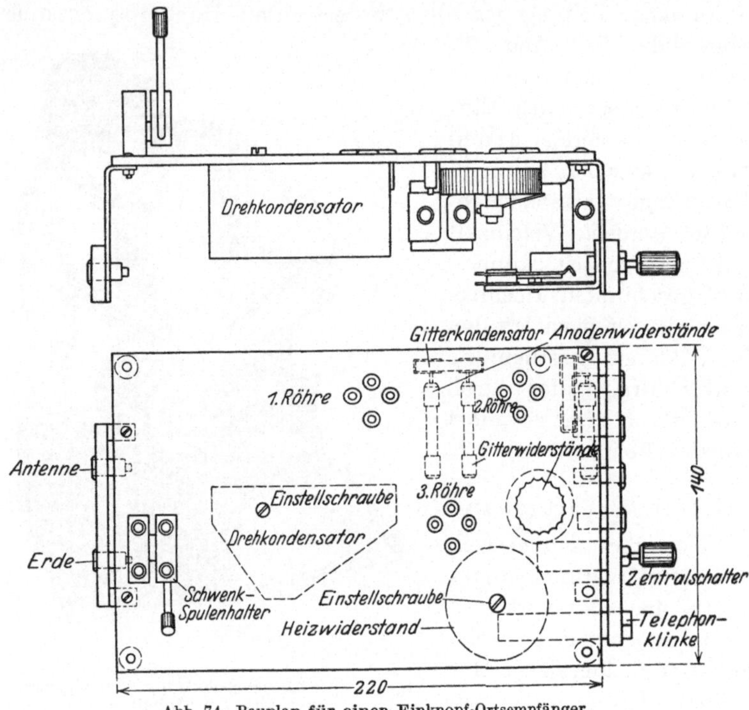

Abb. 74. Bauplan für einen Einknopf-Ortsempfänger.

Batterien aufzunehmen haben; die letztere Leiste bekommt auch
den allein zu betätigenden Zentralschalter.

Abb. 75 und 76 stellen Baupläne für den Gegentakt-Niederfrequenzverstärker nach Schaltung Abb. 60 und für das dazu-
gehörige Gleichrichtergerät dar, während Abb. 77 und 78 ein
ausgeführtes Gerät in photographischer Wiedergabe bringen.
Zeichnungen wie Photos zeigen einen Apparat, in dem Körting-
Einzelteile (Dr. Dietz & Ritter G. m. b. H., Leipzig-Stötteritz) zur
Verwendung gekommen sind. Die Gleichrichterröhre ist eine
solche des Typs RGN 1503 (Telefunken), als Doppelröhren müssen

solche Verwendung finden, die zwei absolut genaue Röhrensysteme umschließen. Der Netztransformator enthält eine dem Netz angepaßte Primärwicklung und drei Sekundärwicklungen; die eine Wicklung liefert die Heizspannung für die Heizung der Gleichrichterröhre, die zweite die Heizspannung für die Heizung der Verstärkerröhren und die dritte schließlich die gleichzurichtende Anodenspannung. Es erübrigt sich eigentlich, darauf hinzuweisen,

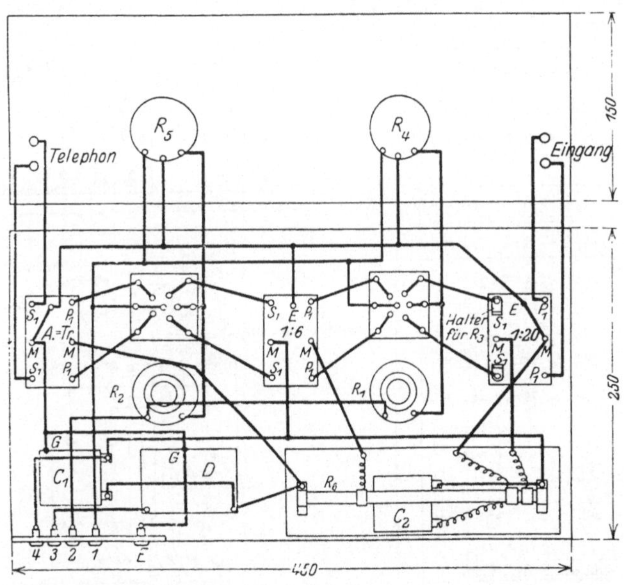

Abb. 75. Bauplan für den Gegentakt-Niederfrequenzverstärker nach Abb. 60.

daß der Transformator den zur Verwendung gelangenden Röhren genau angepaßt sein muß. Das Gerät stellt einen ausgesprochenen Kraftverstärker dar; die vom Detektorempfänger kommende Energie wird derart verstärkt, daß selbst größere Saallautsprecher ausgesteuert werden können. Die Wiedergabe ist, dem Prinzip der Gegentaktverstärkung gemäß, sehr verzerrungsfrei und geräuschfrei. Für den Empfang des Ortssenders ist diese Empfangsanlage ganz ideal, da sie keinerlei Batterien benötigt und die aus dem Netz entnommene Energie ganz minimal ist. Diese Gegentaktverstärker finden m. E. viel zu wenig Beachtung; sie stellen eine der besten Lösungen dar, sich vom Batteriebetrieb unab-

hängig zu machen, sind allerdings auf den Ortsempfang beschränkt.
Doch dürfte es möglich sein, in analoger Weise Hochfrequenzverstärker zu bauen, so daß man, wenn man den Detektor als
Gleichrichter beibehält, auch zu Fernempfangsgeräten gelangt,
die keinerlei Batterien erfordern. Hierzu ist aber, wie schon einmal
erwähnt, unbedingt die Zweifachröhre mit genauer Mittenan-

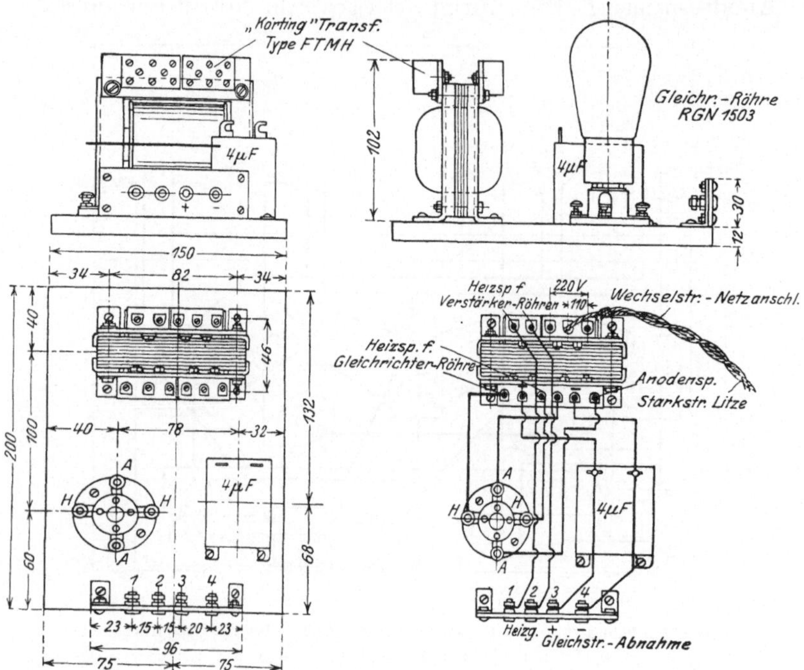

Abb. 76. Bauplan für das zum Gegentakt-Niederfrequenzverstärker gehörige Wechselstrom-
Gleichrichtergerät.

zapfung des Fadens notwendig, da die beiden Systeme einer
Doppelröhre doch nie so absolut gleich sind, daß ohne Kom-
pensation ein Ausgleich der Netzgeräusche stattfinden kann. Mit
dem Netzverstärker nach **Dr.** Dietz liegen die besten Erfahrungen
vor, die eine größere Verbreitung nur erwünscht erscheinen lassen.

Mit Hilfe der Wechselstromröhren (vgl. Seite 64) lassen sich
vollautomatisch arbeitende Ortsempfänger herstellen, die neben
dem Ein- und Ausschalten keinerlei Bedienung benötigen, nehmen
sie doch die gesamte Energie genau wie ein elektrischer Kochtopf,

ein elektrisches Plätteisen usw. aus dem Lichtnetz. Die Bedienung eines solchen Apparates ist deshalb genau so einfach, wie die der erwähnten elektrischen Haushaltgegenstände, eher noch ein

facher, denn auf irgendwelche Über- hitzung und Über- lastung wie bei elek- trischen Heizgerä- ten braucht man hier nicht zu ach- ten. Ein derartiger Lichtnetz-Ortsemp- fänger ist von der Allgemeinen Elek-

Abb. 77. Der fertige Niederfrequenz-Gegentaktverstärker.

tricitäts-Ges. durchgebildet worden (Abb. 79). Er besitzt drei wechselstromgeheizte Röhren und stellt schaltungstechnisch einen Widerstands-Ortsempfänger dar; der Heiztransformator ist fest in den Apparat eingebaut. Der letztere besitzt gleichzeitig die Wicklungen für die Lieferung des gleichzurichtenden Anoden- stromes und des Heizstromes für die Gleichrichterröhre, die

Abb. 78. Das fertige Netzanschlußgerät.

Abb. 79. Lichtnetz-Ortsempfänger Geatron (Allgemeine Elektricitäts-Gesellschaft).

zusammen mit der Drosselkette ebenfalls in den Apparat ein- gebaut ist. Wir benötigen deshalb nur einen einzigen Anschluß an das Lichtnetz, der mit Hilfe einer Doppelleitung, die mit einem normalen Stecker ausgerüstet ist, vorgenommen wird.

Wir wollen nun zu den automatischen Fernempfängern übergehen, für die man den Namen Einknopf-Empfänger geprägt hat, und hier zunächst ein industriell hergestelltes einfacheres Gerät mit zwei Abstimmkreisen betrachten, einen Vierröhren-empfänger, dessen erste Röhre als Hochfrequenzverstärker, dessen zweite Röhre als Audion und dessen letzte beiden Röhren als Niederfrequenzverstärker arbeiten. Die Schaltung ist bekannt: die von der Antenne aufge-nommene Energie wird einem ersten Abstimmkreis zuge-führt, dann der neutralisierten Hochfrequenzröhre, in dessen Anodenkreis sie verstärkt auf-tritt. Auf induktivem Wege wird eine Kopplung mit dem zweiten abstimmbaren Kreis hergestellt, auf den gleichzeitig die Rückkopplungsspule der

Abb. 80. Vierröhren-Neutrodyne-Einknopfemp-fänger (G. Schaub Apparatebau G. m. b. H., Berlin-Charlottenburg).

nun folgenden Audionröhre gekoppelt ist; die Regulierung der Rückkopplung erfolgt durch einen Glimmerdrehkondensator. Die nächsten beiden Röhren sind transformatorisch gekoppelte Nieder

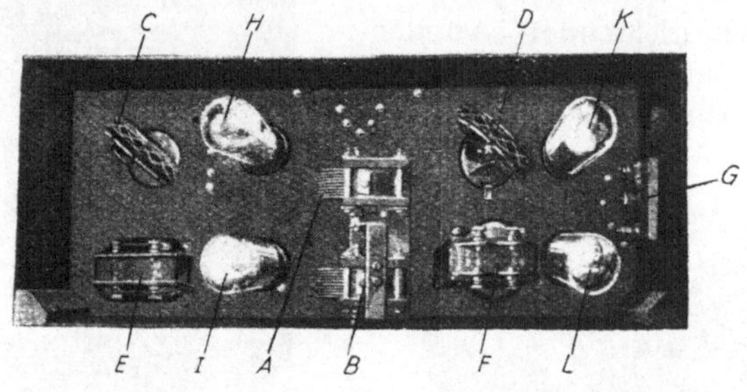

Abb. 81. Innenansicht des Gerätes der Abb. 80.

frequenzstufen. Abb. 80 zeigt diesen Vierröhren-Einknopfemp-fänger von außen. Die Vorderplatte hat in der Mitte den Ab-stimmgriff, unten zwei Paar Telephonbuchsen und rechts den Zentralschalter. An der rechten Schmalwand ist der Knopf des Rückkopplungskondensators zu erkennen. Abb. 81 läßt einen Blick in das Innere des Apparates werfen und hier insbesondere die beiden Drehkondensatoren *A* und *B* erkennen, die hintereinander angeordnet sind und gleichzeitig betätigt werden, wie es in Abb. 67 gezeigt wurde. C ist der erste, D der zweite Hoch-

Abb. 82. Fünfröhren-Neutrodyne-Einknopfempfänger Telefunken 9 (Telefunken G. m. B. H., Berlin).

frequenztransformator, E der erste, F der zweite Niederfrequenztransformator, G der Rückkopplungskondensator und H bis L die vier Röhren.

Abb. 83. Innenansicht des Telefunken 9.

Als ein industriell hergestellter Einknopfempfänger mit zwei Hochfrequenzstufen, also drei abstimmbaren Kreisen, sei das Gerät Telefunken 9 der Abb. 82 und 83 erwähnt. In der Mitte der schrägen Bedienungsplatte ist hinter Fenstern die Skala der Abstimmkondensatoren (3) zu erkennen, die mechanisch gekoppelt sind und die zusammen durch eine Drehung des Kordelrandes der Skalentrommel bewegt werden können. Die Drehkondensatoren können nur zusammen, niemals einzeln verstellt werden;

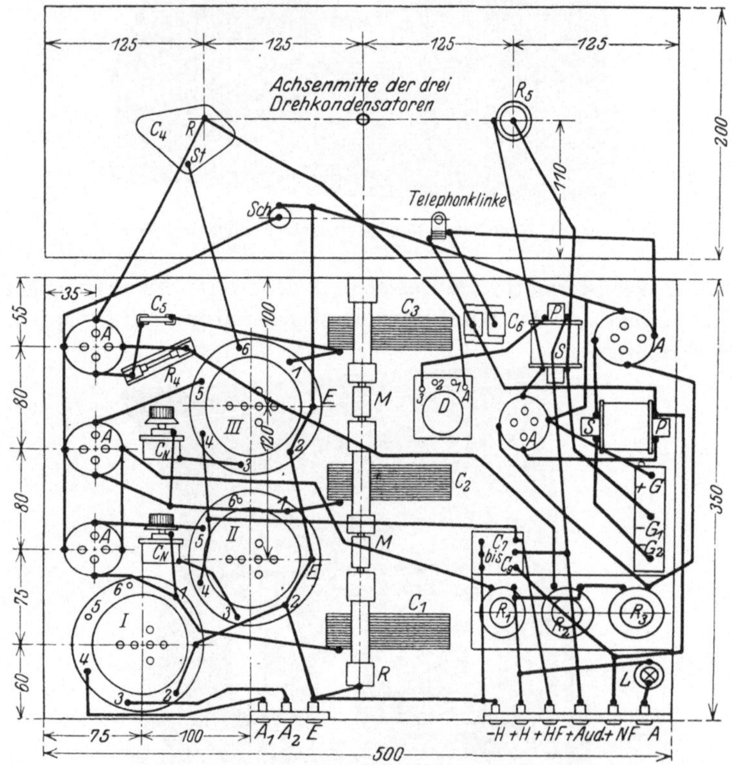

Abb. 84. Bauplan für den Solodyne-Empfänger.

die Kreise sind so genau auf einander abgeglichen, daß sie von der Anfangs- bis zur Endstellung in Resonanz bleiben. Die Feinregulierung der Abstimmkreise wird durch Hebel vorgenommen, die an der Unterkante der Frontplatte aus dem Kasten heraussehen; durch diese Hebel werden die Statoren der Drehkondensatoren verstellt. Der Knopf ganz rechts betätigt einen Rückkopplungs-Kondensator; durch die Anwendung einer gewissen

Dämpfungsreduktion kann der Empfänger auf größte Empfindlichkeit gebracht werden. Schaltungstechnisch setzt er sich im übrigen aus zwei Hochfrequenzstufen, einem rückgekoppelten Audion, einer ersten mit einem Transformator an das Audion angekoppelten

Abb. 85. Rückansicht des Solodyne-Empfänger.

und einer zweiten mit einem Widerstand gekoppelten Niederfrequenzstufe zusammen. Die Leistungen dieses Gerätes sind über die des normalen 5 Röhren-Neutrodynegerätes hinausgebracht

Abb. 86. Vorderansicht des Solodyne-Empfänger.

worden, trotz der so sehr erleichterten Abstimmung. Eine Schwächung der Lautstärke ist häufig erforderlich; sie wird vorgenommen, indem man die Heizung der ersten Hochfrequenzstufe durch den separaten Heizregler 2 schwächer einstellt.

In den Abb. 84 bis 86 wird schließlich ein selbst gebastelter

Solodyne-Empfänger gezeigt, der die Schaltung Abb. 63 besitzt. Abb. 84 bringt zunächst den Bauplan, dessen Bezeichnungen mit denen in Abb. 63 übereinstimmen. Mit I, II und III sind die Grund-Kontaktplatten für die Bechertransformatoren nach Abb. 65 bezeichnet. Als Abstimmkondensatoren C_1 bis C_3 fanden solche Verwendung, die mit Hilfe von Kupplungsbuchsen zu einem Dreifachkondensator zusammengesetzt werden können. In der Abbildung links sind die drei ersten Röhren zu sehen, die Röhre oben links ist das Audion, das mit Gitterblock und Ableitungswiderstand versehen ist. Die Neutrodone C_N sind solche der Art, die dem Drehplattenkondensator nachgebildet sind; ihre Befestigung geschieht mit Hilfe eines Winkels aus Messingblech. An der Rückseite des Empfängers sind zwei Buchsenleisten angebracht, die eine besitzt die Anschlußbuchsen für Antenne und Erde, die zweite für die Batterien. Die drei Heizwiderstände sind an einer besonderen kleinen Isolierplatte befestigt, die unter Zwischenlage von Hartgummiröhrchen auf die hölzerne Grundplatte geschraubt ist. Die Batterie-Überbrückungskondensatoren C_7 bis C_9 sind der Einfachheit halber in einen gemeinsamen Becher eingebaut. An der rechten Seite befindet sich die Gitterbatterie; zwischen dem Kondensator C_2 und C_3 ist eine Hochfrequenzdrossel angeordnet, die eine kapazitätsarme Wicklung besitzen und von bester Wirksamkeit sein muß. Der Niederfrequenzverstärker ist hier als einfachster transformatorgekoppelter Zweiröhrenverstärker ausgeführt. Empfehlenswerter ist es, auf die übliche Weise nur eine Niederfrequenzstufe anzukoppeln, als zweite aber eine Doppelröhre in Gegentaktschaltung zu benutzen. Abb. 86 zeigt den Empfänger von vorn; mit dem mittleren Feinstellknopf bedient man die drei Abstimmkondensatoren, während der Knopf rechts davon zum Rückkopplungskondensator gehört, der linke Knopf aber zu dem bereits auf Seite 72 erwähnten Dämpfungswiderstand. Der Apparat, einmal richtig abgeglichen, ist von 0 bis zum Maximum der Kondensatoreinstellungen in vollkommener Resonanz. Seine Wirksamkeit ist eine bessere als die des Durchschnitts-Superhets, die Leistungen also ganz hervorragende. An einer gewöhnlichen Zimmerantenne bringt er fast alle europäischen Sender in den Lautsprecher. Seine Bedienung fällt auch dem Laien nicht schwer; der Solodyne ist das Gerät, das der Amateur für seine Angehörigen baut und mit dem diese einwandfreien Lautsprecher-Fernempfang erreichen. Ich glaube, daß gerade dieses System infolge seiner überraschenden Einfachheit, seines leichten Baues und seiner einfachen Abgleichung, dann aber vor allem wegen seiner nicht mehr zu überbietenden einfachen Bedienung unter den Amateuren eine ähnliche Verbreitung finden wird, wie sie der normale Neutrodyne und der Superheterodyne heute schon haben, denn dieses Gerät ist vorteilhafter als beide und dabei nicht kostspieliger.

e) Die Stromversorgung.

Ein Rundfunkempfänger arbeitet erst dann automatisch, wenn auch die Stromversorgung automatisch und ohne jede Überwachung vor sich geht. Eine in diesem Sinne selbsttätige Apparatur ist bislang allein der aus dem Lichtnetz zu speisende Gegentaktverstärker nach Dr. Dietz, außerdem natürlich die mit Wechselstromröhren ausgerüsteten Empfänger. Alle anderen Empfänger benötigen Stromquellen, die eine Überwachung brauchen. Durch praktische Batterieladeeinrichtungen und Netzanschlußgeräte kann man die Stromversorgung automatisieren, soweit das hier überhaupt möglich ist, und verschiedene hierher gehörende Erörterungen sind schon auf Seite 49 ff. vorweggenommen worden. An dieser Stelle brauchen die früheren Angaben deshalb nur eine Ergänzung erfahren.

Für die Speisung der Röhrenheizfäden kommen zuächst Akkumulatoren in Frage. Dem Netzanschlußgerät für die Heizung setzen sich bedeutende Schwierigkeiten entgegen, die bei Gleichstrom besonders in dem ungünstigen Nutzeffekt, bei Wechselstrom in der Notwendigkeit großer Gleichrichter und Drosselketten bestehen. Der Akkumulator wird zum mindesten indirekt benutzt, indem man ihn ständig unter Dauerladung hält, ihn gewissermaßen als Pufferbatterie und Kapazitätsreserve benutzt. Dabei kann er bedeutend kleiner dimensioniert werden, als sollte er einige Wochen den Empfangsbetrieb selbständig aufrecht erhalten, wie er es heute noch fast überall zu tun hat. Man benutzt Großoberflächenakkumulatoren, die hohe Entladeströme vertragen, und kommt fast immer mit einer Batterie von etwa 5 Amp.-Stunden aus. Die Schaltung für einen solchen Betrieb, die auch nach den V. D. E. Vorschriften einwandfrei genannt werden muß, zeigte bereits Abb. 42. Sie ist gleichzeitig die Schaltung des sog.

Traduktors, einer Vorrichtung zum Anschluß von Schwachstromanlagen an Starkstromnetze unter Verwendung einer kleinen Akkumulatorenbatterie und eines parallel liegenden Sicherheitswiderstandes. Abb. 87 gibt die Außenansicht eines derartigen Apparates wieder, und zwar eines solchen, der für Wechselstrom geeignet ist; die genaue Schaltung bringt Abb. 88[1]. In Abb. 87 links ist der eigentliche Traduktor, rechts die Akkumulatorenbatterie zu erkennen. Unter der Metallkappe befinden sich die Widerstände, am unteren Rand des Apparates ist der doppelpolige Ausschalter vorgesehen, und etwa in der Mitte sind die beiden Glimmlicht-Gleichrichter zu erkennen. Die links mit „Schwachstrom-Anlage" bezeichneten Leitungen werden mit den Heizbatterieklemmen des Empfängers verbunden. Der Ladestrom des Traduktors ist so einzustellen, daß er die tägliche Stromentnahme einschließlich der Verluste deckt. Hört man z. B. im Durchschnitt 3 Stunden, und verbraucht der Empfänger 0,3 Amp., so werden pro Tag $0,9 + 20\% = 1,08$ Amp.-Stunden verlangt. Da diese in 24 Stunden hinein geladen werden müssen, errechnet sich ein Ladestrom von rund 0,045 Amp. Die Heizstromversorgung arbeitet in diesem Fall völlig automatisch, man braucht sich nicht um sie zu kümmern, die benötigte Strommenge steht jederzeit zur Verfügung. Nur dann, wenn man längere Zeit gar nicht empfängt, stellt man

Abb. 87. Traduktor für den Anschluß an ein Wechselstromnetz (A. Joebges, Berlin).

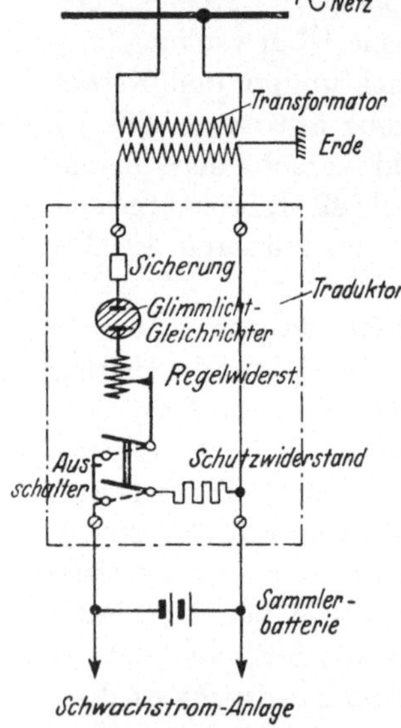

Abb. 88. Schaltung des Wechselstrom-Traduktors.

---

[1] Die Abb. 87 und 88 sind dem Buch Harms, Die Stromversorgung von Fernmeldeanlagen, Berlin: Julius Springer, entnommen.

den Schalter des Traduktors auf „Aus", um einer Überladung vorzubeugen.

Eine solche möglichst automatische Ladeweise ist natürlich auch für die Anodenbatterie erwünscht. Sie ist aber nicht in der gleichen einfachen Weise durchführbar, da uns Gleichrichter, die die ganze hintereinandergeschaltete Batterie aufladen, nicht zur Verfügung stehen; die Batterie muß vielmehr in zwei oder drei Gruppen zerlegt, diese müssen parallelgeschaltet und dann auf-

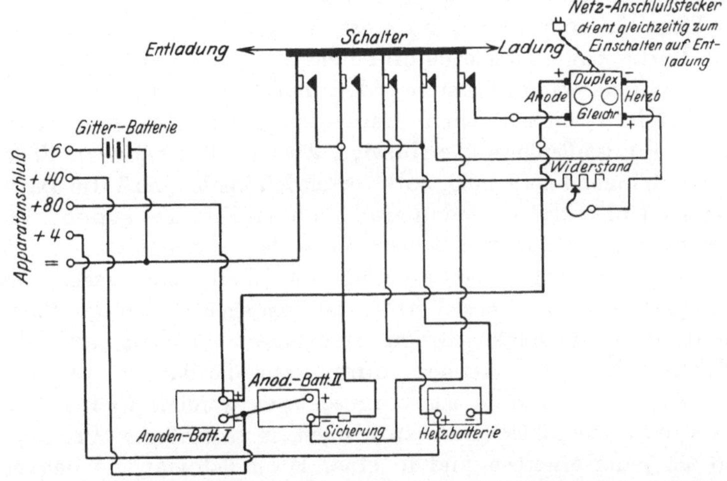

Abb. 89. Schaltung einer automatischen Ladevorrichtung für Heiz- und Anodenakkumulator (Accumulatorenfabrik A.-G., Berlin-Oberschöneweide).

geladen werden. Eine höchst sinnreiche Einrichtung, sie sei in Abb. 89 in der Schaltung wiedergegeben, gestattet aber die ziemlich vollautomatische Ladung der Heiz- und Anodenbatterie mit Hilfe eines Duplexgleichrichters, mit dem man bekanntlich eine Heizbatterie bis 3 Zellen mit 1,3 Amp. und gleichzeitig eine Anodenbatterie bis 40 Zellen mit 0,08 Amp., bis 60 Zellen mit 0,055 Amp. aufladen kann. Das Wesentliche dieser Anordnung ist ein Schalter mit 5 Kontaktpaaren, der dadurch betätigt wird, daß man den Netzstecker des Gleichrichters aus der Netzsteckdose herausnimmt und in eine am Schalter befindliche Steckdose einführt. Die Schaltung kann man also gewissermaßen mit einer Klinkenschaltung vergleichen. Durch das Einstöpseln des Doppelsteckers schaltet man auf Entladung; die Batterien liegen dann an den mit „Apparat-Anschluß" bezeichneten Klemmen. Zieht man den Stecker aus der Schaltersteckdose heraus, so werden die Batterien mit dem Gleichrichter verbunden. Wenn man den Stecker in die Netzsteckdose einführt, ist also stets automatisch die Ladungschaltung hergestellt, und eine Beschädigung der Röhren und dgl. dadurch, daß zu hohe Spannungen in den Empfänger gelangen, ist nicht möglich, denn wenn man die Ladeeinrichtung mit dem Netz verbindet, sind die Leitungen zum Empfänger automatisch abgeschaltet.

Dem Laien macht es zumeist die größten Schwierigkeiten, den Lade- bzw. Entladezustand der Batterien zu erkennen, also festzustellen, wann geladen werden muß. Durch die vorstehend behandelten automatischen Ladeeinrichtungen ist eine solche Feststellung allerdings überflüssig. Aber in allen anderen Fällen ist sie dringend notwendig, soll vermieden werden, daß die Batterien zu tief entladen werden und dadurch Schaden leiden. Von verschiedenen Seiten sind bereits Vorschläge gemacht worden, für kleine Vorrichtungen, die den Ladezustand erkennen lassen. Am einfachsten und mit am sichersten ist unzweifelhaft die der Varta, die in ihre Rundfunkbatterien Schwimmer hineintut, an deren Schwimmlage man erkennen kann, wann die Batterie entladen ist. Von anderer Seite ist vorgeschlagen worden, kleine Stia-Amperestundenzähler herauszubringen, in so mäßiger Preislage, daß sie jeder erwerben, und in einer Form, daß man sie bequem am Akkumulator befestigen und in die Batterieleitung schalten kann. Die Höhe der Quecksilbersäule läßt die entnommenen Amperestunden ablesen; sobald die Kapazität des Akkumulators erreicht ist, die von den Fabriken für die verschiedenen Entladeströme anzugeben ist, muß geladen werden. Ein anderer Vorschlag bezieht sich auf ein Uhrwerk, in das ein Schalter oder auch ein Relais eingebaut ist, das im Heizkreis liegt. Solange kein Heizstrom fließt, wird das Uhrwerk durch eine Sperre angehalten; fließt dagegen Strom, ist der Empfänger eingeschaltet, so wird die Sperre für die Einschaltdauer aufgehoben. Ein Zeiger bewegt sich über ein Zifferblatt und zeigt die Stundenzahl an, die der Apparat im Betrieb ist, und, wenn man die Stromentnahme des Empfängers kennt, damit die entnommene Kapazität. Ist der zulässige Wert erreicht, so weiß man, daß der Akkumulator entladen ist und zur Ladung angeschlossen werden muß. Ein anderer

Vorschlag wieder kennt einen Quecksilberzähler in Verbindung mit einem Ladegerät; durch das vom Heizstrom transportierte Quecksilber wird ein Ladekontakt betätigt, der die Ladeeinrichtung in Betrieb setzt, und der Ladestrom fließt wieder so lange, bis die Quecksilbermenge zurücktransportiert ist. Durch einen kleinen Kompensationswiderstand wird der Verlust berücksichtigt und eine entsprechende Strommenge mehr in den Akkumulator geladen.

Es wäre wirklich zu wünschen, wenn einer der kurz angedeuteten Apparate in den Handel kommen würde; das Interesse an einer solchen Vorrichtung ist ein ganz allgemeines, denn sie hilft, die Behandlung der Akkumulatoren zu verbessern und die Lebensdauer derselben nicht unbeträchtlich zu vergrößern, ist es doch eine bekannte Tatsache, daß die meisten Akkumulatoren, die sich in den Händen der Rundfunkteilnehmer befinden, durch zu tiefe Entladung frühzeitig zugrunde gehen.

Über die automatischste Stromversorgung, das Netzanschlußgerät, soll hier nicht weiter berichtet werden, da eine entsprechende Spezialliteratur vorliegt; ich möchte auf das Buch Dr. E. Nesper, Netzanschlußgeräte, Franckh'sche Verlagshandlung, Stuttgart, verweisen, in dem das ganze Gebiet gründlichst behandelt wird. Das Netzanschlußgerät ist geeignet, wenigstens anodenstromseitig, die Batterien völlig zu ersetzen und die ganze Bedienung damit auf die Betätigung eines Schalters zu begrenzen. Es muß als Stromversorgung der Zukunft angesprochen werden, nicht nur für die Anoden-, sondern auch für die Heizseite (vgl. auch die Ausführungen Seite 52 und 68).

f) Sicherungsvorrichtungen.

In diesem Zusammenhang soll auf einige Sicherungsmöglichkeiten hingewiesen werden, die angebracht sind, wenn Empfangsgeräte von Laien bedient werden. Sie erstrecken sich auf die Sicherung der kostbaren Röhren gegen Überlastungen. Es ist bekannt, daß die Röhren unweigerlich durchbrennen müssen, wenn an die Heizklemmen des Empfängers zufällig die Anodenbatterie geschaltet wird, eine Folge ganz gewöhnlicher Verwechselung. Liegt eine Sicherung in dem betreffenden Kreis, so kann das nicht passieren. Die Industrie hat sog. Röhrensicherungen herausgebracht, die aus einer kleinen Taschenlampenbirne be-

stehen, die aber mit einem extra dünnen Faden ausgerüstet ist.
damit sie bei geringster Stromstärke durchbrennt, auf jeden Fall
eher, als die empfindlichste mit der Sicherung hintereinander

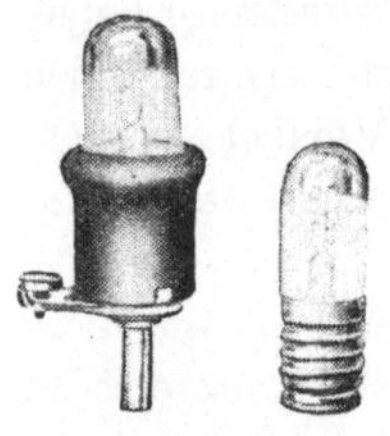

geschaltete Sparröhre. Abb. 90 zeigt eine derartige Röhrensicherung, deren Fassung so ausgeführt ist, daß man sie als Anodenstecker gebrauchen kann. Die Einschaltung einer Röhrensicherung an dieser Stelle ist wirksamer als der
Einbau in die Anoden-Minusleitung des Emp-
fangsapparates, da dann immer noch die Möglichkeit besteht, daß die beiden Anoden-
batterieschnüre mit den Heizklemmen verbunden werden; die Sicherung sichert hier
einzig gegen ungewollten Kurzschluß innerhalb des Apparates, aber nicht gegen falschen
Batterieanschluß.

Abb. 90. Röhrensiche-
rung (Elektrotechn.
Fabrik Schmidt&Co.,
Berlin).

Eine normale Überheizung der Röhren durch
Einstellen einer zu hohen Heizspannung kann
eine solche Sicherung natürlich nicht verhüten;
es ist aber erwünscht, bei besonders empfindlichen Röhren, eine Überheizung dieser Art zu
unterbinden. Zu diesem Zweck ist ein kleiner
Röhrenautomat konstruiert worden (Abb. 91),
der einem großen Auslöseautomaten nachgebildet ist und den Heizstrom automatisch ab-
schaltet, sobald die durch den Heizwiderstand
eingestellte Heizspannung den Wert übersteigt,
auf den der Automat einreguliert ist.

Zu den Sicherungseinrichtungen gehören
schließlich auch Überspannungs- und Blitz-
schutzsicherungen; dieserhalb verweise ich auf
Bd. 25 dieser Bibliothek über die Hochantenne,

Abb. 91.
Röhrenautomat.

in dem auf Seite 92 ff. eine ausführliche Darstellung des Blitz-
schutzes gegeben ist.

g) Tonfilterkreise.

Zu einem guten störungsfreien Lautsprecherempfang sind
schließlich sogen. Ton-Filterkreise notwendig. Sie haben eine
zweifache Aufgabe zu erfüllen, zunächst sollen sie den Anoden-

gleichstrom vom Lautsprecher abhalten (deshalb sind sie bei der Verwendung von Netzanschlußgeräten angebracht), und außerdem sollen sie eine reinigende und veredelnde Wirkung auf die Sprache

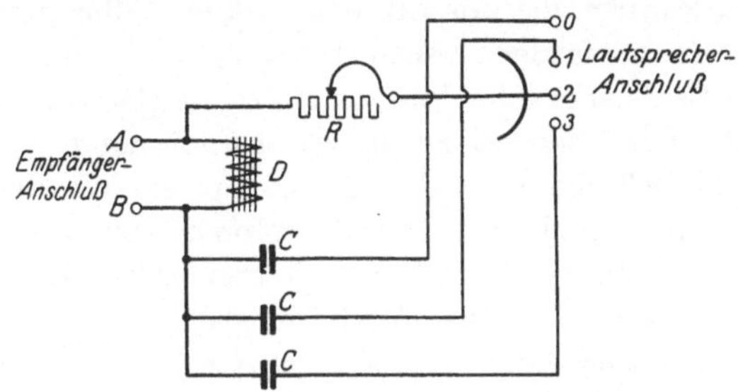

Abb. 92. Schaltung des Dralowid-Etola-Tonfilter.

und Musik ausüben. Filterkreise dieser Art bestehen in der Regel aus Blockkondensatoren, die in einem kleinen Gehäuse in einigen verschiedenen Größen (10 000 bis 30 000 cm) angeordnet sind und durch einen Schalter wahlweise parallel zum Lautsprecher gelegt werden können. Je größer die Parallelkapazität ist, um so stärker ist die Dämpfung der. hohen Töne zu spüren, während kleine Kondensatoren nur die höchsten Töne wegnehmen. Derartige Kondensatorenkombinationen veredeln aber nur, halten den Gleichstrom jedoch nicht dem Lautsprecher fern. Hierzu ist ein

Abb. 93. Tonfilter Dralowid-Etola (Steatit-Magnesia-A.-G., Berlin-Tempelhof).

System von Kondensatoren und Drosseln notwendig, zusammengeschaltet nach der Abb. 92, die die Prinzipschaltung des Dralowid-Etola-Tonfilters, eines sehr hochwertigen Filterkreises, wiedergibt. Die Drossel D wird vom Gleichstrom durchflossen, der durch die Kondensatoren C gegen den Lautsprecher blockiert bleibt, deshalb nicht durch seine Wicklung fließen und die so schädliche Vormagnetisierung hervorrufen kann. Der regulierbare Hochohmwiderstand R gestattet die Einstellung jeder beliebigen Lautstärke von der maximalen, die der ohne Filterkreis völlig gleich ist, bis zu einer sehr minimalen. Man kann sich auf diese Weise die günstigste Lautstärke schaffen, ohne den Empfänger verstimmen zu müssen. Der Dralowid-Etola ist in Form einer runden Dose gebaut (Abb. 93), die oben den Drehknopf des Widerstandes, in ihrem Innern Drossel und Kondensatoren und unten die Anschlußbuchsen besitzt. Durch entsprechende Wahl der Buchsen ist eine Variierung der Klangfarbe möglich.

Für Gleichstrom-Netzanschlußgeräte im Sinne der Ausführungen auf Seite 56 ist dieser Tonfilter nicht ohne weiteres zu gebrauchen, da durch den Hochohmwiderstand eine leitende Verbindung zwischen Netz und Lautsprecher gegeben ist. Hierfür kommt nur die Filterschaltung Abb. 50 in Frage.

5. Rundfunk im ganzen Hause.

Die moderne Radio-Anlage will nicht nur ein Zimmer mit Musik versorgen, sondern das ganze Haus, die ganze Wohnung füllen, aber nur dort, wo man die Darbietungen im Augenblick wünscht. Leitungen führen in alle Zimmer; überall ist der Anschluß eines Lautsprechers möglich. Derartige Anlagen sind noch nicht häufig ausgeführt worden; aber es ist gewiß, daß sie in Zukunft eine größere Bedeutung erlangen werden, als sie die heute üblichen Empfangsanlagen haben, die immer noch einen mehr provisorischen Anstrich besitzen. Die Rundfunkleitungen der Zukunft werden, genau wie die Leitungen für Licht und Kraft, beim Bau des Hauses in besonderen, von den Lichtleitungen weit entfernten, Röhren unter Putz verlegt. Über die einzelnen Fragen des „Radio im ganzen Hause" sei hier gesprochen.

a) Die Schaltungsmöglichkeiten.

Die Schaltung entsprechender Anlagen ist außerordentlich einfach. An geeigneter Stelle, dort, wo die Freiantenne am ehesten zu erreichen ist oder in dem Raum, in dem sich die Innenantenne befindet (Dachboden- und Speicherantennen seien auch hier in empfehlende Erinnerung gebracht), wird der Empfangsapparat montiert. Von hier aus führen Doppelleitungen strahlenförmig in alle Zimmer, in denen die Radiowiedergabe gewünscht wird, und natürlich auch in die Küche. In jedem Raum befindet sich eine Steckdose oder eine ähnliche Anschlußmöglichkeit für den Lautsprecher. Abb. 94 gibt eine derartige Schaltung ganz prinzipiell gezeichnet wieder. Es sind vier Zimmer angenommen; in Zimmer 1 steht der Empfangsapparat. In alle Zimmer führen Doppelleitungen, die den Telephonstrom führen. Der Anodengleichstrom soll keinesfalls durch sie fließen; deshalb muß in den Empfangsapparat ein Ausgangstransformator oder ein Filterkreis nach Abb. 50 eingebaut werden.

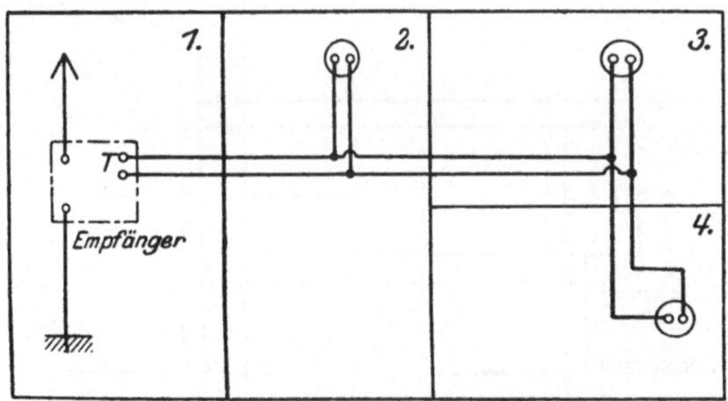

Abb. 94. Einfache Rundfunk-Verteilungsschaltung.

Kommt diese Schaltung zur Anwendung, so setzt das aber immer noch voraus, daß die Ein- und Ausschaltung des Empfängers bei diesem selbst erfolgt. Nun ist es jedoch kein Vergnügen, abends, wenn man im Bett Tanzmusik oder die letzten Nachrichten hört, vom ersten Stock ins Erdgeschoß hinabzusteigen, um den Empfänger abzuschalten. Aus dem Grunde muß eine Schaltung Verwendung finden, durch die die In- und Außerbetriebsetzung des Empfangsgerätes von den einzelnen Zimmern aus erfolgen kann. Es ist möglich, wenn man die Leitung von der Heizbatterie nicht direkt zum Empfänger, sondern durch die einzelnen Zimmer führt, in denen sich Schalter befinden, durch die der Heizstrom ein- und ausgeschaltet werden kann. Nun besteht aber wiederum die Gefahr, daß man wohl die Lautsprecherstecker aus der Steckdose herausnimmt, aber nicht den Heizstrom ausschaltet, oder daß in einem Zimmer, in dem gerade kein Lautsprecher angeschlossen ist, aus Versehen eingeschaltet wird,

so daß der Empfänger unnötig weiter im Betrieb bleibt. Hier ist
eine automatische Klinkenschaltung. angebracht, wie sie Abb. 95
darstellt; in jedem Zimmer befindet sich eine Telephonklinke, die
den Heizstrom automatisch einschaltet, wenn der Klinkenstecker,
der sich am Lautsprecher befindet, eingestöpselt wird. Es bringt
keine Nachteile, wenn das in mehreren Zimmern gleichzeitig
vorgenommen wird.

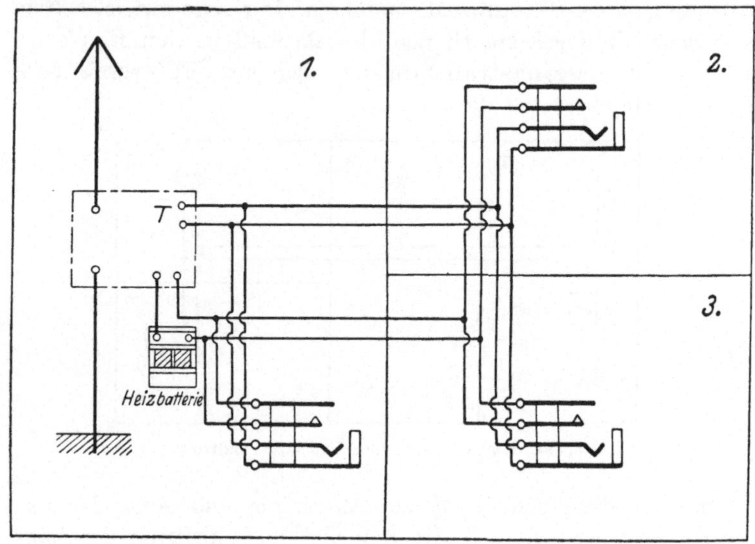

Abb. 95. Verteilungsschaltung mit Klinkenschaltern zur automatischen Einschaltung
des Heizstromes.

Wenn wir den Heizstrom durch die einzelnen Zimmer führen,
müssen wir, soll der Spannungsabfall den zulässigen Wert nicht
überschreiten, sehr starke Leitungen wählen. Oder wir müssen
an Stelle der üblichen 4 Volt-Batterie eine 6 Volt-Batterie benutzen,
um eine größere Spannungsdifferenz zur Verfügung zu haben.
Beides ist unwirtschaftlich und übrigens auch nur bis zu einer
gewissen Grenze ausführbar. Empfehlenswerter ist der Einbau
eines Relais, das zu seiner Betätigung nur sehr schwache Ströme
erfordert und das den starken Heizstrom an Ort und Stelle,
unmittelbar am Empfänger, einschaltet. Die Schaltung des Relais
geht aus Abb. 96 hervor. Parallel zu ihm soll ein Schalter liegen,
damit man den Empfangsapparat auch ohne das Relais direkt

in Betrieb setzen kann. In der Regel muß dieser Schalter natürlich offen sein.

Auch die Schaltung mit Relais hat einen Nachteil, und zwar den, daß durch die Spule desselben so lange ein Strom fließt, als der Empfänger im Betrieb ist. Der Strom ist zwar schwach, aber er ist doch als ein unerwünschter Stromverbrauch anzusehen. Um den ständigen Stromfluß zu vermeiden, wurde der Radio - Fernschalter der Abb. 97 konstruiert, der in einer Schaltung nach

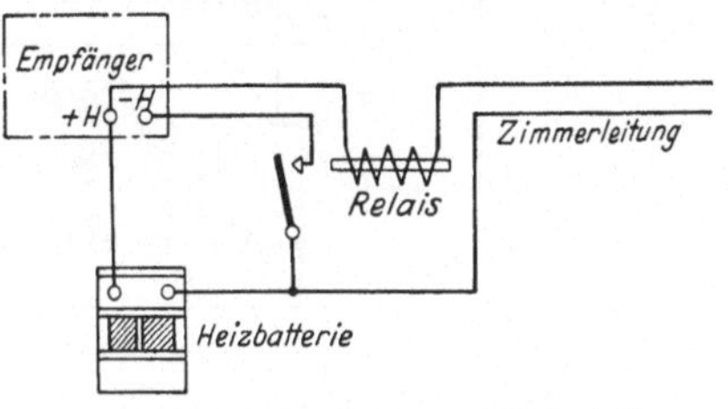

Abb. 96. Einbau des Relais zur Fernschaltung des Heizstromes.

Abb. 98 gebraucht wird. Er besteht aus einer Spule, in der sich ein beweglicher Eisenkern befindet (M), einem eigenartigen Schaltmechanismus B und dem Heizstromkontakt D am Schalt-

Abb. 97. Radio-Fernschalter, geöffnet (Hugo Breidenbach, Erfurt).

hebel C. Der Schalter ist neben dem Empfangsapparat bzw. in ihm senkrecht aufzuhängen, so daß der Eisenkern durch seine eigene Schwere nach unten hängt. Drückt man einen der in den Zimmern verteilten Druckknöpfe D, so fließt ein Strom durch die Spule M, der Eisenkern wird nach oben in sie hineingezogen, die an ihm befestigte Schubstange drückt in die eine Ecke des Schaltmechanismus B und kippt diesen nach der einen Seite. Dadurch wird der Hebel C freigegeben und der Heizstrom unterbrochen. Läßt man den Druckknopf los, so fällt der Eisenkern nach unten, der Mechanismus *B* bleibt aber in seiner Lage. Drückt man den Knopf *D* erneut, so wird der Mechanismus *B* auf gleiche Weise nach der anderen Seite gekippt, der Heizstromkontakt wird ge-

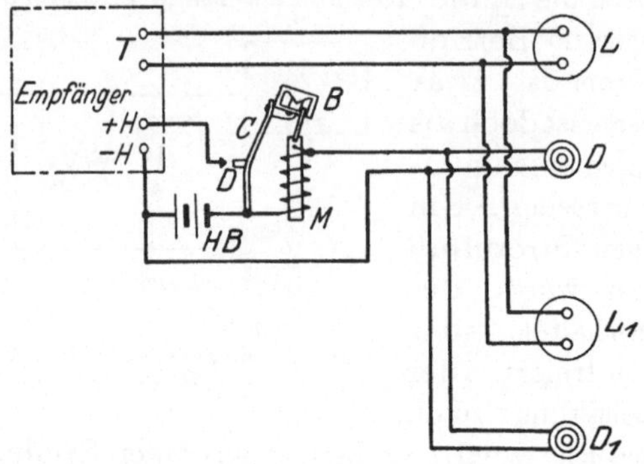

Abb. 98. Schaltung einer Anlage mit Fernschalter nach Abb. 97.

schlossen, der Heizstrom eingeschaltet. Drückt man ein drittes Mal, so erfolgt Ausschalten, usw. Zu jeder Schaltung ist nur ein kurzer Stromstoß erforderlich, nicht mehr das ständige Fließen eines schwachen Stromes.

b) Die Einzelteile für die Verteilungsanlagen.

Die Ausführung derartiger Verteilungsanlagen erfordert Einzelteile, wie sie in gleicher Form in der Radiotechnik sonst nicht gebräuchlich sind. Zunächst sind hier die Steckdosen zu erwähnen, die in den einzelnen Zimmern anzubringen sind. Es

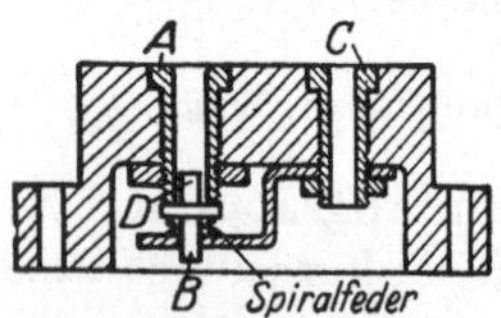

Abb. 99. Steckdose mit automatischer Kurzschließvorrichtung (Gebr. Merten, Gummersbach).

müssen doppelpolige Steckdosen sein. Abb. 99 zeigt ein Ausführungsbeispiel, das sich dadurch auszeichnet, daß die Steckdose, solange keine Telephonstecker eingeführt sind, durch einen besonderen Kontakt kurzgeschlossen wird. Die Schnittzeichnung läßt das erkennen; gegen die Buchse *A* drückt von hinten eine Kontaktplatte *B* und stellt einen Stromübergang von Buchse *A* zu Buchse *C* her. Stöpselt man einen Stecker in *A* ein, so drückt dieser das an der Kontaktplatte *B* befestigte Isolierzäpfchen *D* hinaus und hebt den bestehenden Kontakt damit auf. Der Strom kann nun-

mehr nicht mehr direkt von Buchse nach Buchse fließen, sondern
er muß den Lautsprecher passieren. Diese Steckdose läßt eine
Schaltung zu, die mit nur einer Rundleitung auskommt; Abb. 100
gibt sie wieder. Wo kein Laut-
sprecher oder Kopfhörer eingestöpselt
ist, dort ist die Steckdose automatisch kurzgeschlossen, so daß der
Stromkreis stets geschlossen bleibt.
In ihrem Äußeren ist diese Steckdose von den Starkstromsteckdosen
abweichend konstruiert, damit keine
Verwechselung vorkommen kann.
Denn diese würde die ernstesten Folgen haben, z. B. dann, wenn man
einen Kopfhörer in eine 220 Volt-
Steckdose einführt.

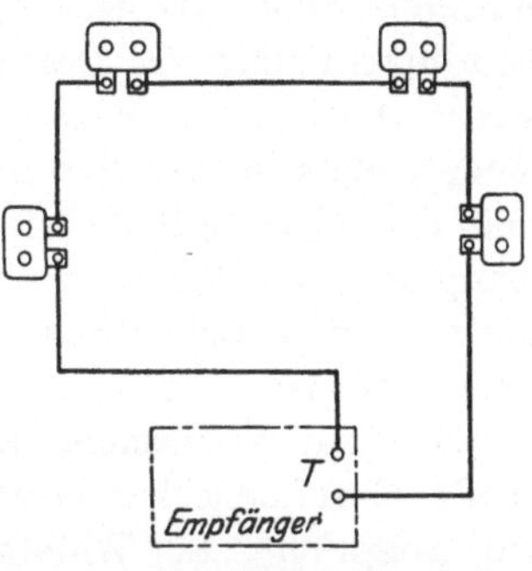

Abb. 100. Verteilungsschaltung unter
Benutzung der Steckdose Abb. 99.

Um diese Gefahr völlig zu beseitigen, und um außerdem die
in Abb. 95 gezeigte Schaltung durchführen zu können, ist ein
Klinkenschalter Bedingung, und zwar ein solcher der in Abb. 101

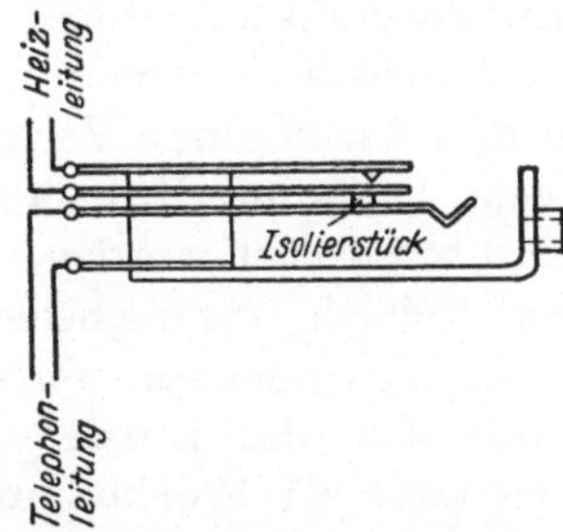

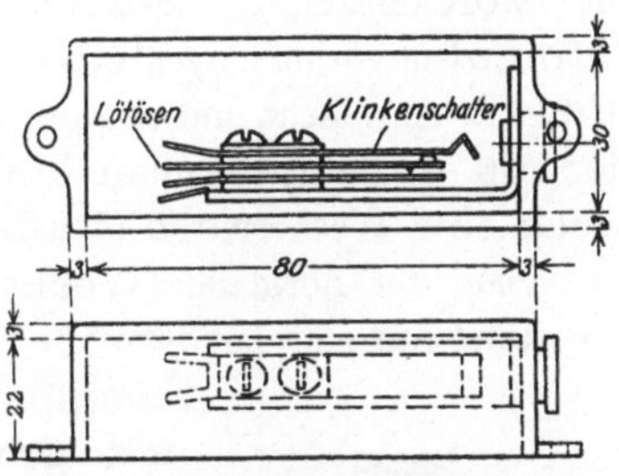

Abb. 101. Schema des notwendigen
Klinkenschalters.

Abb. 102. Klinkenschalter im Isoliergehäuse
zur Wandmontage.

gezeigten Form. Diesen Schalter setzt man, wie in Abb. 102 dargestellt, in ein flaches Isolierkästchen ein (der Bastler kann es sich
aus Trolit zusammenkleben, mit Azeton als Klebemittel), das in
den Zimmern an der Wand befestigt wird. Die Lautsprecher und
Kopfhörer werden mit Klinkensteckern ausgerüstet. Finden derartige Anschlußmöglichkeiten Verwendung, dann kann eine Verwechselung der vorhin geschilderten Art gar nicht eintreten.

Die Telephonleitungen können in gewöhnlichem doppelten
Wachsdraht, natürlich vorzüglicher Isolierung, verlegt werden;

man nagelt die Leitungen mit Hilfe kleiner Drahthaken auf die Scheuerleisten, schiebt sie, wo es möglich ist, unter den Türschwellen hindurch, kurz, verlegt sie genau so wie eine gewöhnliche Klingelleitung. Desgleichen die Heizleitung; diese muß aber aus bedeutend stärkerem Draht gewählt werden, will man den Heizstrom direkt in den einzelnen Zimmern schalten. Die Anwendung eines Relais ist deshalb sehr vorteilhaft, denn in diesem Fall kann man den gleichen Draht wie für die Telephonleitung in Anwendung bringen. Die Verlegung muß sehr sauber erfolgen, vor allem muß man darauf achten, daß man die Isolation der Leitungen nicht verletzt.

Das zur Verwendung kommende Relais muß eine genügend große Empfindlichkeit besitzen, damit es bei schwachen Strömen gut anspricht. Ein Widerstand von 60 Ohm hat sich bewährt. Das Relais muß eine ganz normale Bauart besitzen und mit einem Arbeitskontakt versehen sein. Die Fernsprechfabriken stellen Relais in geeigneter Ausführung her und führen diese in ihren Katalogen.

In Rundfunkanlagen der geschilderten Art ist es erwünscht, eine Vorrichtung zu besitzen, die den Rundfunkteilnehmer zu bestimmten vorher eingestellten Zeiten auf die Radio-Darbietungen aufmerksam macht und die so verhindert, daß man einen Vortrag oder ein Konzert, das man hören möchte, versäumt. Für diesen Zweck sind Weckeruhren (Radio-Rufuhr) konstruiert worden, die sich von der normalen Weckeruhr nur dadurch unterscheiden, daß nicht nur eine, sondern mehrere Weckzeiten eingestellt werden

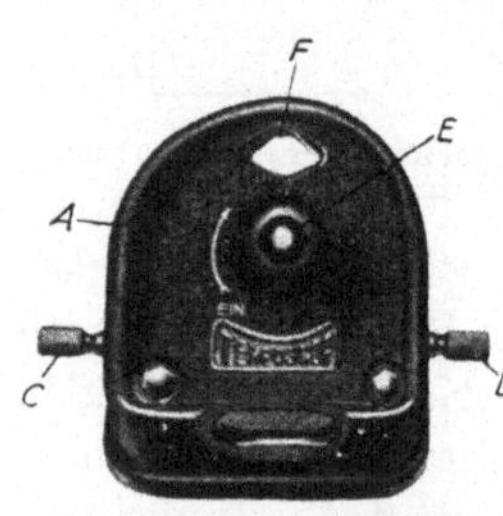

Abb. 103. Das Temposcop.

können, wie auch, daß die Einstellung mit größerer als sonst bei Weckeruhren gebräuchlicher Präzision geschehen kann. Derartige Uhren lassen sich aber nicht so fein einstellen, daß sie z. B. nach Programmpausen von 5 oder 10 Minuten ihr Signal geben. Da es aber wichtig ist, gerade in den Pausen den Empfänger abschalten zu können, um nicht unnötig Energie zu verbrauchen, ohne mit einem Versäumen des Anfangs der kommenden Darbietung rechnen zu müssen, ist das Temposcop konstruiert worden, das aus einem Präzisionsuhrwerk und einem Schalter für den Heizstrom besteht. Abb. 103 bringt eine Außenansicht dieses Apparates; in einem geschmackvollen Isoliergehäuse A ist das Uhrwerk mit dem angebauten Heizstromschalter untergebracht. Rechts und links befinden sich die Steckbuchsenklemmen C und D zum Anschluß der Heizleitung; die Einschaltung in den Heizstromkreis des Empfängers geht aus Abb. 104 her-

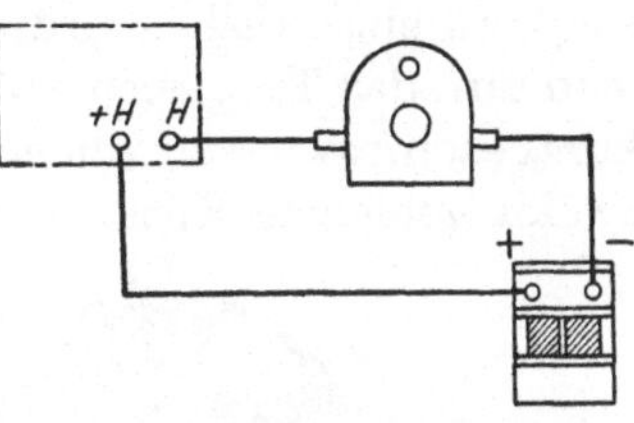
Abb. 104. Einschaltung des Temposcop in die Heizleitung.

vor. Dreht man den Knopf E nach rechts, so wird das Uhrwerk hierdurch aufgezogen und in Gang gebracht. Beim Drehen des Knopfes erscheinen in dem Fenster F die Minutenzahlen, die das Uhrwerk in Gang bleibt. Je weiter man E nach rechts dreht, um so höhere Minutenziffern werden eingestellt; der Apparat kann Pausen bis zu 20 Minuten anzeigen, und man kann jede Pause bis auf die Minute genau einstellen.

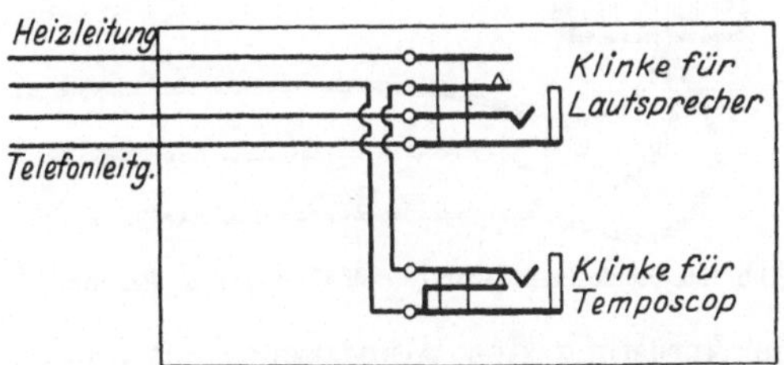

Abb. 105. Schaltung der Klinken für Lautsprecher und Temposcop.

Ist das Temposcop nach Abb. 104 richtig in die Heizleitung eingeschaltet und wird vom Ansager eine Pause verkündet, so dreht man den Knopf so weit nach rechts, bis die angegebene Minutenzahl der Pause hinter dem Fenster erscheint. Der Heizstrom wird hierdurch ausgeschaltet, das Uhrwerk tritt in Gang, um nach der eingestellten Minutenzahl anzuhalten und den Heizstrom einzuschalten. Da sich die Ziffernscheibe beim Ablaufen des Werkes mitdreht, kann man hier ablesen, wie lange die Pause noch dauern wird. Der Schalter im Temposcop ist ferner so konstruiert, daß er neben dem Zeitschalten auch zum einfachen Ein- und Ausschalten (Stellung Ein, Stellung Aus zu gebrauchen ist.

Das Temposcop kann direkt am Rundfunkapparat zur Einschaltung kommen, man **kann** es aber auch in den einzelnen Zimmern einschalten, in denen man gerade hört, um von hier aus die Pausen einzustellen. Die Schaltung in den Zimmern muß dann gemäß Abb. 105 ausgeführt werden, das Temposcop muß also mit dem Heizschalter, der durch das Einstöpseln des Klinkensteckers eingeschaltet wird, hintereinander liegen, und die Klemmen für das Temposcop müssen, wenn es nicht eingestöpselt ist, kurzgeschlossen sein. Am empfehlenswertesten ist die Anbringung zweier geeigneter Klinkenschalter, wie in Abb. 105 auch angenom-

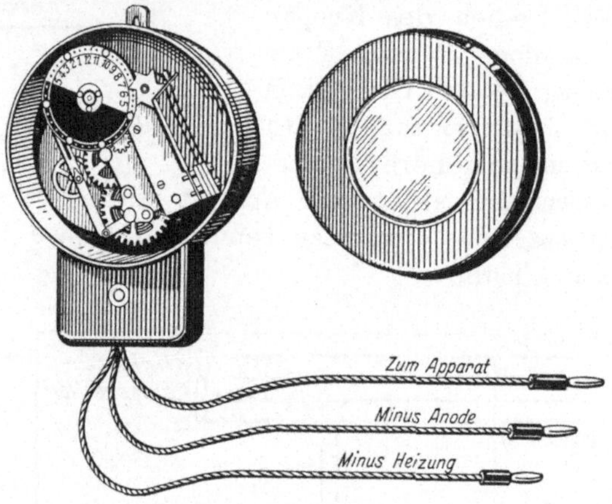

Abb. 106. Radio-Schaltuhr (Adolf Grünstein, Berlin).

men, und die Aurüstung des Temposcops mit einem Klinkenstecker. Wird eine Schaltung gemäß Abb. 108 gebraucht, so kann das Temposcop an Stelle der Schalterbirne eingestöpselt werden.

Neben dem Temposcop sind Radio-Schaltuhren (Abb. 106) erwähnenswert, die den Schaltuhren für Treppenbeleuchtung nachkonstruiert sind und die eine Stundenscheibe besitzen, auf der man mit Markierungsschrauben sämtliche Zeiten einstellen kann, zu denen der Empfänger ein- und ausgeschaltet werden soll. Man ist so in der Lage, alle Programmnummern, die man hören möchte, am Morgen einzustellen und braucht nicht befürchten, daß man den Beginn der Darbietungen versäumt.

c) Ausgeführte Anlagen.

Aus dieser Darstellung geht hervor, daß es sich bei dem „Radio im ganzen Hause" durchaus nicht um kostspielige und komplizierte Anlagen handelt, sondern eigentlich nur um eine höchst einfache Verteilungsleitung, die sich von der Klingelleitung nur dadurch unterscheidet, daß sie etwas sorgfältiger zu verlegen ist und auf keinen Fall Erdschluß bekommen darf. Diese Verteilungsleitung zieht sich jeder Bastler selbst, sie legt jeder Installateur, jeder Radiofachmann an. Die Anlage wird nicht teuer, da neben der ganz normalen Empfangseinrichtung, die immer erforderlich ist und die für unsere Hausrundfunkanlage durchaus nicht anders gestaltet wird, nur wenige Steckdosen oder Klinkenschalter und der Leitungsdraht gebraucht werden.

Nachstehend soll eine industrielle Ausführung einer derartigen Rundfunkanlage beschrieben werden. Es handelt sich um eine solche mit der Arcolette, dem Dreiröhren-Widerstands-Ortsempfänger der Telefunken-Gesellschaft. Weil das Prinzip gerade eines solchen Empfängers, wie in diesem Buch mehrmals erörtert, für den guten und automatischen Empfang des Ortssenders ganz besonders gut geeignet ist, hat man zur Arcolette ein geeignetes Batterieschränkchen herausgebracht, das in Abb. 107 wiedergegeben wird. Es besitzt vier Fächer; in dem unteren linken Fach befindet sich der Empfänger, rechts davon in einem

Abb. 107. Batterieschränkchen für den Widerstands-Ortsempfänger Arcolette (Telefunken G. m. b. H., Berlin).

Sonderfach der Heizakkumulator, darüber die Anodenbatterien. Das Schränkchen kann an jeder beliebigen freien Stelle aufgehängt werden, in einer Kammer, auf dem Korridor, im Treppenhaus oder dgl., wo es weiter nicht stört. Von diesem Schränkchen aus gehen zwei Doppelleitungen nach den Steckdosen in den einzelnen Zimmern, und zwar hat man hier je eine Steckdose zum Anschluß des Lautsprechers und je eine zur Einstöpselung einer Schalterschnur mit birnenförmigem Druckkontakt vorgesehen. Die Schaltung dieser Anlage ist — als Gegenstück zu unseren Schaltungen Seite 98 bis 100 — aus Abb. 108 zu ersehen.

Dort, wo man sich zur Ausführung einer festen Leitungsinstallation nicht entschließen kann oder wo diese aus irgendeinem Grunde nicht durchführbar ist, tut der Schnurverteiler mit abrollbarer Telephonschnur gute Dienste. Dieser Apparat, der sich in gleicher Weise für den Rundfunkempfang im Heim, im Garten, im Wochenendhaus und an ähnlichen Stellen eignet, wo man den Lautsprecher oder das Telephon nicht neben dem Emp-

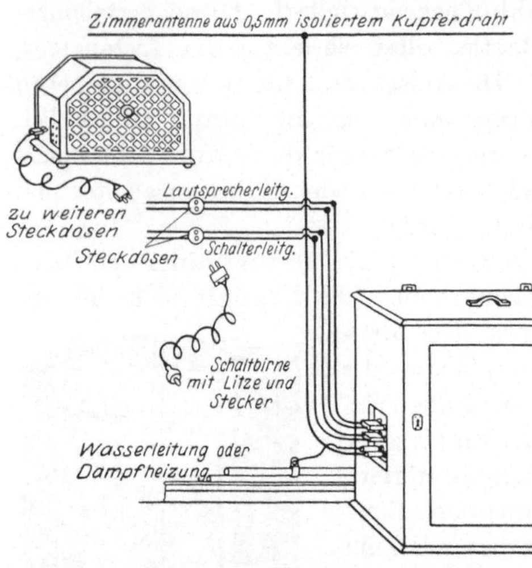

Abb. 108. Schaltung des Batterieschränkchens der Abb. 107.

fänger haben kann, geht aus Abb. 109 hervor, er besteht aus einer Dose A, in der eine Schnurrolle B untergebracht ist, die sich um die Achse C dreht. Der Deckel D der Dose, aus Isoliermaterial bestehend, ist mit der Schnurrolle fest verbunden und mit vier Paar Doppelsteckbuchsen E ausgerüstet, die parallel geschaltet sind und ein Verteilerbrett darstellen. Auf der Rolle befinden sich 20 m Doppellitze, die durch einen Schlitz in der Dosenwand geführt sind und bequem abgerollt und wieder aufgerollt werden können. Zum Anschluß an den Empfangsapparat sind sie am Ende mit

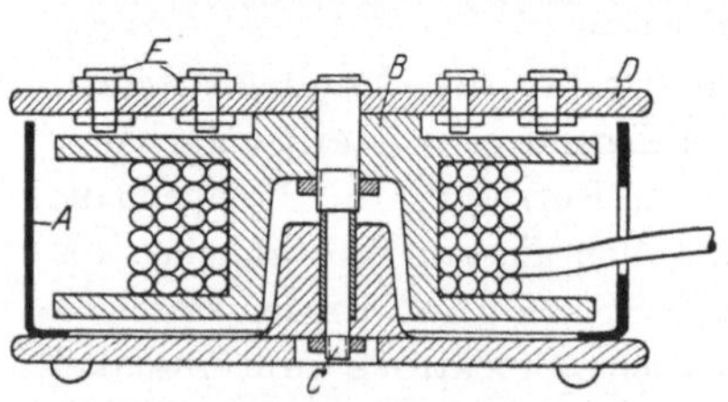

Abb. 109. Schnitt durch den Schnurverteiler (C. I. Vogel A.-G., Berlin-Adlershof).

Bananensteckern versehen. Mit Hilfe dieses Schnurverteilers ist man in der Lage, den Lautsprecher in jeder Entfernung bis 20 m maximal vom Empfänger aufzustellen. Die Schnur kann auf einfachste Weise aufgerollt werden und ist bei Nichtgebrauch immer geschützt untergebracht.

d) Groß-Rundfunkanlagen.

Von den Rundfunkverteilungsanlagen des privaten Funkfreundes und Radio-Amateurs sind die Groß-Rundfunkanlagen zu unterscheiden, die ganze Gebäude, so Krankenhäuser, Hotels und dgl., mit Rundfunkdarbietungen versorgen. In Amerika sind es vor allem die Hotels, die sich solche Anlagen einbauen ließen; sie brachten in Musikzimmern und Gesellschaftsräumen Lautsprecher an, und sie sahen darüber hinaus in jedem Fremdenzimmer eine Anschlußdose vor, in die der Gast einen eigenen Reisehörer oder einen Kopfhörer, den er sich im Office des Hotels leihen kann, einstöpseln mag, um die Darbietungen des nächsten Senders abhören zu können. In Deutschland sind Krankenhäuser, Heilanstalten und Sanatorien mit gleichen Anlagen ausgerüstet worden; auch in Fabriken installierte man Verteilungsanlagen mit mehreren Lautsprechern, um die Arbeitsfreudigkeit durch Rundfunkmusik zu steigern. Um eine Anzahl von Großlautsprechern oder eine sehr erhebliche Menge von Kopfhörern in einwandfreier Weise mit Musikdarbietungen versorgen zu können, sind umfangreichere und leistungsfähigere Anlagen notwendig, als sie bisher beschrieben wurden. Um einen größeren Lautsprecher, z. B. den bekannten Falzlautsprecher (Protos) einwandfrei betätigen zu können, braucht man eine unverzerrte Energie von 0,4 Watt; die gleiche Energie verlangen rund 200 Kopfhörer. Aus dieser Gegenüberstellung ersieht man am besten, welche Intensitäten zu einer einwandfreien, nicht nur für ein kleines Familienzimmer bestimmten Lautsprecherwiedergabe vonnöten sind. Diese Energie kann von den normalen Rundfunk-Niederfrequenzverstärkern nur aufgebracht werden, wenn man leistungsfähigste Endröhren benutzt, solange man diese aus den Reihen der sog. Rundfunkröhren wählt, aber höchstens für einen einzigen Lautsprecher. Für den Betrieb mehrerer Lautsprecher reicht die Energie nicht mehr zu. Für die sog. Groß-Rundfunk- und Musikübertragungsanlagen, wie sie in Deutschland von der Fa. Siemens & Halske A. G. gebaut werden, braucht man vielmehr besondere Leistungsverstärker, die mit einer größeren Anzahl von Verstärkerstufen ausgerüstet sind und so große Endröhren besitzen, wie sie in normalen Rundfunkverstärkern niemals gebräuchlich sind. In den Endstufen finden sog. Starkstromverstärkerröhren oder auch kleine Senderöhren Verwendung; zum Teil bemerken wir hier die gleichen Typen, wie in den Mikrophonverstärkern der Rundfunksender.

Abb. 110 läßt die Bestandteile einer Musikübertragungsanlage der Fa. Siemens & Halske in Form einer Schaltung erkennen. Wir wollen die Anlage zunächst als Groß-Rundfunkanlage betrachten; werden Rundfunkdarbietungen aufgenommen und durch die ver-

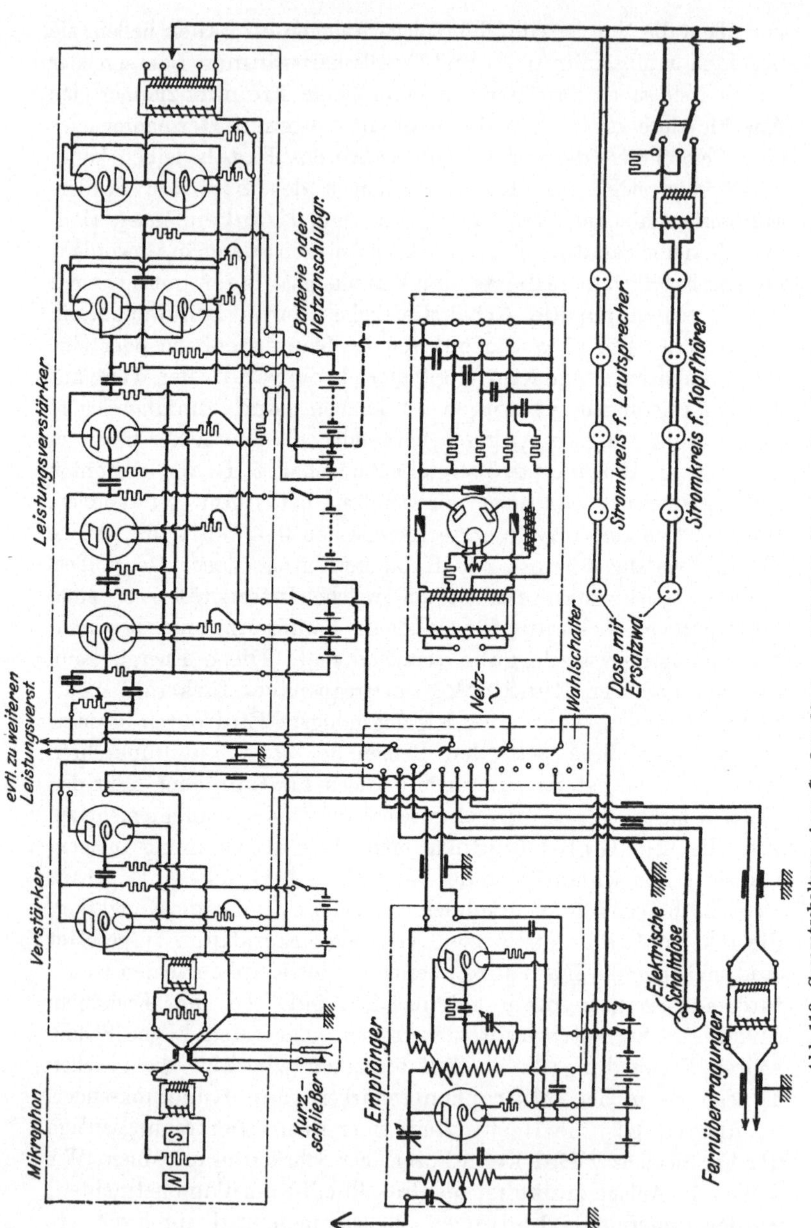

Abb. 110. Gesamtschaltung einer Großrundfunk- und Musikübertragungsanlage der Siemens & Halske A.-G.

teilten Lautsprecher oder durch eine große Anzahl von Kopfhörern
wiedergegeben, so ist als erstes arbeitendes Gerät der Empfänger

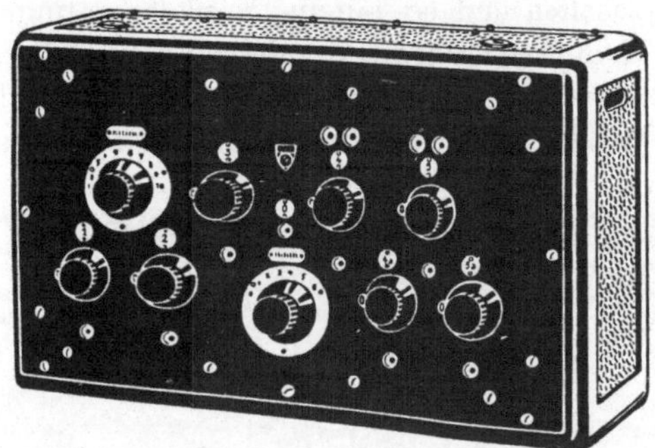

Abb. 111. Leistungsverstärker (Siemens & Halske A.-G.).

zu erwähnen, der eine neutralisierte Hochfrequenzstufe und ein
rückgekoppeltes Audion besitzt. Vom Empfänger führt eine

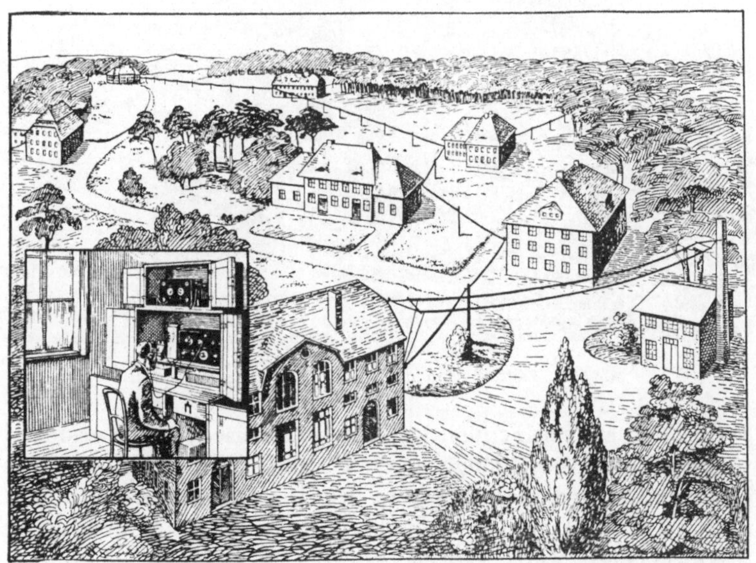

Abb. 112. Großrundfunkanlage in einer Heilanstalt (Siemens & Halske A.-G.).

Doppelleitung im geerdeten Kabel zu einem Wahlschalter, der aus
vier Umschaltern mit je vier Kontakten besteht; die vier Schalter

sind mechanisch verbunden und werden gleichzeitig betätigt. Man kann entweder auf das Mikrophon mit angeschaltetem Vorverstärker schalten und so eigene Musikdarbietungen und Vorträge über die Anlage verbreiten, oder auf das Empfangsgerät, um Rundfunkdarbietungen auf die Lautsprecher zu schalten, oder auf eine Schalldose, um Grammophonmusik wiederzugeben, oder

Abb. 113. Zentralstation der Großrundfunkanlage Abb. 112.

schließlich auf eine Fernleitung zur Übernahme ferner Veranstaltungen, zur Ausführung sog. Übertragungen. Vom Wahlschalter führen die Leitungen zu dem Hauptteil der Anlage, zum Leistungsverstärker, der in Abb. 111 in seiner Außenansicht wiedergegeben wird. Es ist ein fünfstufiger Niederfrequenzverstärker mit Widerstandskopplung, der auf Verzerrungsfreiheit und große Endleistung dimensioniert ist; in den letzten beiden Stufen sind zur Erzielung der erforderlichen Leistung je zwei Verstärkerröhren parallel geschaltet. Vom Ausgangstransformator des Leistungsverstärkers gehen schließlich die Lautsprecherleitungen aus. Hier ist der Stromkreis für Lautsprecher von dem für Kopfhörer zu unterscheiden; der letztere ist über einen Transformator angeschlossen und im übrigen abschaltbar. Bei Abschaltung des Kopfhörerstromkreises wird ein Ersatzwiderstand an die Leitung gelegt, damit dessen elektrische Eigenschaften nicht verändert werden. In jede Anschlußdose, für Kopfhörer wie für Lautsprecher, ist ebenfalls ein Ersatzwiderstand eingebaut, der automatisch ausgeschaltet wird, sobald ein Kopfhörer oder Lautsprecher eingestöpselt wird. Durch diese Ersatzwiderstände wird

Abb. 114. Lautsprecher der Großrundfunkanlage in einem Café.

erreicht, daß die angeschalteten Wiedergabeinstrumente immer die gleiche elektrische Energie erhalten, so daß die Lautstärke der Wiedergabe ständig die gleiche ist. Zur Lieferung des Betriebsstromes werden Batterien benutzt; die Endstufen des Leistungsverstärkers können auch durch ein Netzanschlußgerät, das in der Schaltung mit gezeichnet ist, gespeist werden. Zur Lautsprecherwiedergabe werden in der Regel Protos-Falzlautsprecher benutzt; bei der Wiedergabe im Freien wie zu besonders großen Veranstaltungen (Ausstellungen, Tagungen, Sportveranstaltungen) werden mehrere Leistungsverstärker zur Anwendung gebracht und die Darbietungen durch Großlautsprecher (Blatthaller wie besonders groß dimensionierte Falzlautsprecher) wiedergegeben, deren Schallabgabe außerordentlich umfangreich ist.

Wird die Anlage am Ort besprochen oder bespielt, so wird außer dem Mikrophon ein Vorverstärker nötig, der durch Betätigung des Wahlschalters automatisch mit eingeschaltet wird. Zum Mikrophon liegt ein Kurzschließer parallel, mit dessen Hilfe das Mikrophon jederzeit kurzgeschlossen werden kann; dadurch hört eine Schallaufnahme auf, und es ist möglich, so die Geräusche des Publikums oder auch der Unterhaltungen des Orchesters in den Pausen von einer Übertragung auszuschließen.

Abb. 112 zeigt die Gliederung einer Musikübertragungsanlage in einer Heilanstalt mit örtlich getrennten Gebäuden. In dem im Vordergrund stehenden Verwaltungsgebäude ist die Zentral-

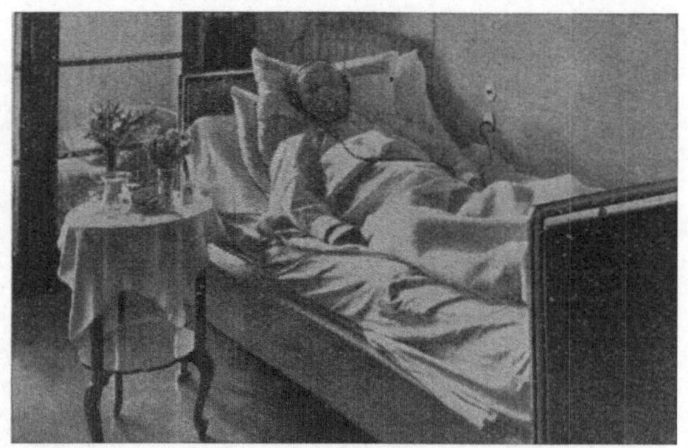

Abb. 115. Musikübertragungsanlage in einem Krankenhaus.

station untergebracht, die unsere Abb. 113 noch einmal wiedergibt. Sie besteht aus dem Empfänger, dem Vorverstärker, dem Wahlschalter und Leistungsverstärker und aus den Batterien und dem evtl. Netzgerät. Die einzelnen Teile der Anlage sind in einem praktischen Schrank untergebracht. Die Schaltung dieser Zentralstation ist also genau die der Abb. 110; hierher gelangt die Niederführung der aus Abb. 112 sichtbaren Antenne, und von hier gehen die Verteilungsleitungen zu den einzelnen Gebäuden aus, in denen sich die Anschlußdosen für die Lautsprecher und Kopfhörer befinden.

Abb. 114 und 115 bringen schließlich Anwendungsbeispiele von Groß-Rundfunkanlagen. Eine Anlage dieser Art versorgt z. B. 25 verschiedene Pavillons einer Landesheilanstalt, die z. T. 1,5 km auseinander liegen. Die Lautsprecheranlage auf dem Berliner Meßgelände, die bei allen Ausstellungen in Tätigkeit ist und die über besonders große Leistungsverstärker verfügt wie über Lautsprecher maximaler Schallabgabe, ist nachgerade volkstümlich geworden. Auch in moderne Passagierschiffe wurden in letzter Zeit wiederholt Musikübertragungsanlagen der geschilderten Art eingebaut, mit denen man die Konzerte der Bordkapelle, die natürlich nur an einer Stelle, etwa im Speiseraum 1. Klasse oder im Wintergarten spielt, auch in anderen Räumen, so auf dem Promenadendeck und in den Speisesälen der weiteren Klassen, zur Wiedergabe bringt.

Sachverzeichnis.

Bibliothek des Radio-Amateurs. Herausgegeben von Dr. Eugen Nesper.

1. Band: **Meßtechnik für Radio-Amateure.** Von Dr. **Eugen Nesper.** Vierte, bedeutend erweiterte Auflage. Mit 110 Textabbildungen. IX, 120 Seiten. *Erscheint im Januar 1928.*

2. Band: **Die physikalischen Grundlagen der Radiotechnik.** Von Dr. **Wilhelm Spreen.** Dritte, verbesserte und vermehrte Auflage. Mit 127 Textabbildungen. VI, 156 Seiten. 1925. RM 2.70

3. Band: **Schaltungsbuch für Radio-Amateure.** Von **Karl Treyse.** Dritte, vollständig umgearbeitete und erweiterte Auflage. Mit 172 Textabbildungen. VIII, 130 Seiten. 1926. RM 3.30

4. Band: **Die Röhre und ihre Anwendung.** Von **Hellmuth C. Riepka.** Dritte, veränderte und vermehrte Auflage. Mit 242 Textabbildungen. VIII, 194 Seiten. 1926. RM 5.40

5. Band: **Praktischer Rahmen-Empfang.** Von Ing. **Max Baumgart.** Zweite, vermehrte und verbesserte Auflage. Mit 51 Textabbildungen. VIII, 74 Seiten. 1925. RM 1.80

6. Band: **Stromquellen für den Röhrenempfang** (Heiz- und Anodenbatterien). Von Dr. **Wilhelm Spreen,** Studienrat an der staatl. Aufbauschule in Oldenburg i. O. Zweite, erweiterte Auflage. Mit 57 Textabbildungen. VI, 74 Seiten. 1926. RM 2.25

7. Band: **Wie baue ich einen einfachen Detektor-Empfänger?** Von Dr. **Eugen Nesper.** Zweite, vermehrte Auflage. Mit 31 Abbildungen im Text und auf einer Tafel. VIII, 52 Seiten. 1925. RM 1.35

8. Band: **Nomographische Tafeln für den Gebrauch in der Radiotechnik.** Von Dr. **Ludwig Bergmann.** Zweite, vermehrte Auflage. Mit 53 Textabb. und 2 Tafeln. VIII, 86 Seiten. 1926. RM 2.70

9. Band: **Der Neutrodyne-Empfänger.** Von Elektroing. **O. Schöpflin** und Elektroing. **C. Eichelberger.** Mit 120 Textabbildungen. VI, 88 Seiten. 1926. RM 3.—

10. Band: **Wie lernt man morsen?** Von Studienrat **Julius Albrecht.** Zweite Auflage. Mit 7 Textabbildungen. VI, 38 Seiten. 1925. RM 1.35

11. Band: **Der Niederfrequenz-Verstärker.** Von Ing. **O. Kappelmayer.** Zweite, verbesserte Auflage. Mit 57 Textabbildungen. IX, 103 Seiten. 1925. RM 1.80

12. Band: **Formeln und Tabellen aus dem Gebiete der Funktechnik.** Von Dr. **Wilhelm Spreen.** Mit 34 Textabbildungen. VIII, 72 Seiten. 1925. RM 1.65

13. Band: **Wie baue ich einen einfachen Röhrenempfänger?** Von **Karl Treyse.** Mit 28 Textabbildungen. VIII, 47 Seiten. 1925. RM 1.35

14. Band: **Die Telephonie-Sender.** Von Dr. **P. Lertes.** Mit 116 Abbildungen im Text und auf einer Tafel. X, 192 Seiten 1926. RM 8.40; gebunden RM 9.60

15. Band: **Innenantenne und Rahmenantenne.** Von Dipl.-Ing. **Friedrich Dietsche.** Zweite, verbesserte und stark erweiterte Auflage. Mit 90 Textabbildungen. VI, 110 Seiten. 1927. RM 3.30

(Fortsetzung umstehend.)

Bibliothek des Radio-Amateurs. Herausgegeben von Dr. Eugen Nesper.

16. **Band: Baumaterialien für Radio-Amateure.** Von **Felix Cremers.** Mit 10 Textabbildungen.   VIII, 93 Seiten. 1925.   RM 1.80

17. **Band: Reflex-Empfänger.**   Von Radio-Ingenieur **Paul Adorján.** Mit 60 Textabbildungen. VIII, 53 Seiten. 1925.   RM 2.10

18. **Band: Das Fehlerbuch des Radio-Amateurs.** Von Ing. **Siegmund Strauß.** Mit 75 Textabbildungen. VIII, 78 Seiten. 1925. RM 2.10

19. **Band: Rufzeichen-Liste für Radio-Amateure.** Von **Erwin Meißner.** X, 130 Seiten. 1925.   RM 3.—

20. **Band: Lautsprecher.** Von Dr. Eugen Nesper. Mit 159 Textabbildungen. XII, 133 Seiten. 1925.   RM 3.30; gebunden RM 4.20

21. **Band: Funktechnische Aufgaben und Zahlenbeispiele.** Von Dr.-Ing. **Karl Mühlbrett.** Mit 46 Textabbildungen. VII, 90 Seiten. 1925.
RM 2.10

22. **Band: Ladevorrichtungen und Regenerier-Einrichtungen** der Betriebsbatterien für den Röhren-Empfang.   Von Dipl.-Ing. **Friedrich Dietsche.** Mit 56 Textabbildungen. VI, 56 Seiten. 1926.
RM 2.10

23. **Band: Kettenleiter und Sperrkreise in Theorie und Praxis.** Von Elektro-Ingenieur **C. Eichelberger.** Mit 120 Textabbildungen und einer Rechentafel. VIII, 92 Seiten. 1925.   RM 3.—

24. **Band: Hochfrequenz-Verstärker.** Von Dipl.-Ing. Dr. phil. **Arthur Hamm.** Mit 106 Textabbildungen. VIII, 126 Seiten. 1925.
RM 3.90

25. **Band: Die Hochantenne.**   Von Dipl.-Ing. **Friedrich Dietsche.** Mit 110 Textabbildungen. VIII, 114 Seiten. 1926.   RM 3.90

27. **Band: Superheterodyne-Empfänger.** Von Ing. **E. F. Medinger.** Mit 49 Textabbildungen. VI, 68 Seiten. 1926.   RM 2.70

28. **Band: Die Methode der graphischen Darstellung** und ihre **Anwendung in Theorie und Praxis der Radiotechnik.** Von Dipl.-Ing. **O. Herold.** Mit 74 Textabbildungen. VI, 81 Seiten. 1925.   RM 2.70

29. **Band: Die kurzen Wellen.** Sende und Empfangsschaltungen. Von **Robert Wunder.** Mit 98 Textabbildungen. VIII, 98 Seiten. 1926.   RM 3.60

30. **Band: Aus der Werkstatt des Konstrukteurs.** Von Ing. **O. Kappelmayer.**   Erscheint im Frühjahr 1928.

31. **Band: Die Störungen beim Radio-Empfang.** Von Dr. **Ludwig Bergmann.** Mit 70 Textabbildungen. VIII, 86 Seiten. 1926.
RM 3.—

Der Radio-Amateur (Radio-Telephonie). Ein Lehr- und Hilfsbuch für die Radio-Amateure aller Länder. Von Dr. **Eugen Nesper.** Sechste, bedeutend vermehrte und verbesserte Auflage. Mit 955 Textabbildungen. XXVIII, 858 Seiten. 1925. Gebunden RM 18.—

Radio-Schnelltelegraphie. Von Dr. **Eugen Nesper.** Mit 108 Abbildungen. XII, 120 Seiten. 1922. RM 4.50

Bildrundfunk. Von Prof. Dr. **A. Korn,** Berlin und Dipl.-Ing. Dr. **E. Nesper,** Berlin. Mit 65 Textabbildungen. IV, 102 Seiten. 1926. RM 5.40

Die Vakuumröhren und ihre Schaltungen für den Radio-Amateur. Von **J. Scott-Taggart.** Deutsche Bearbeitung von Dr. **Siegmund Loewe** und Dr. **Eugen Nesper.** Mit 136 Textabbildungen. VIII, 180 Seiten. 1925. Gebunden RM 13.50

Radio-Technik für Amateure. Anleitungen und Anregungen für die Selbstherstellung von Radio-Apparaturen, ihren Einzelteilen und ihren Nebenapparaten. Von Dr. **Ernst Kadisch.** Mit 216 Textabbildungen. VIII, 208 Seiten. 1925. Gebunden RM 5.10

Lehrkurs für Radio-Amateure. Leichtverständliche Darstellung der drahtlosen Telegraphie und Telephonie unter besonderer Berücksichtigung der Röhrenempfänger. Von **H. C. Riepka,** Mitglied des Hauptprüfungsausschusses des Deutschen Radio-Clubs e. V., Berlin. Mit 151 Textabbildungen. VII, 152 Seiten. 1925. Gebunden RM 4.50

Leithäuser- (Reinartz-) Empfänger. Ein Bastelbuch von Ingenieur **Walter Sohst.** Mit 172 Textabbildungen und 2 Tafeln. VIII, 137 Seiten. 1927. RM 5.50

Funkschaltungen. Ein Leitfaden der wichtigsten Empfangs- und Sendeschaltungen von Dr.-Ing. **Karl Mühlbrett.** Mit 198 Textabbildungen. VIII, 97 Seiten. 1927. RM 4.20

Grundversuche mit Detektor und Röhre. Von Dr. **Adolf Semiller,** Studienrat am Askanischen Gymnasium und Real-Gymnasium zu Berlin. Mit 28 Textabbildungen. IX, 39 Seiten. 1925. RM 2.10

Die wissenschaftlichen Grundlagen des Rundfunkempfangs. Vorträge von zahlreichen Fachleuten, veranstaltet durch das Außeninstitut der Technischen Hochschule zu Berlin, den Elektrotechnischen Verein und die Heinrich-Hertz-Gesellschaft zur Förderung des Funkwesens. Herausgegeben von Prof. Dr.-Ing. e. h. Dr. **K. W. Wagner**, Mitglied der Preußischen Akademie der Wissenschaften, Präsident des Telegraphentechnischen Reichsamts. Mit 253 Textabbildungen. VIII, 418 Seiten. 1927. Gebunden RM 25.—

Aussendung und Empfang elektrischer Wellen. Von Prof. Dr.-Ing. und Dr.-Ing. e. h. **Reinhold Rüdenberg**. Mit 46 Textabbildungen. VI, 68 Seiten. 1926. RM 3.90

Taschenbuch der drahtlosen Telegraphie und Telephonie. Bearbeitet von zahlreichen Fachleuten. Herausgegeben von Dr. **F. Banneitz.** Mit 1190 Abbildungen und 131 Tabellen. XVI, 1253 Seiten. 1927. Gebunden RM 64.50

Drahtlose Telegraphie und Telephonie. Ein Leitfaden für Ingenieure und Studierende. Von **L. B. Turner.** Ins Deutsche übersetzt von Dipl.-Ing. **W. Glitsch,** Darmstadt. Mit 143 Textabbildungen. IX, 220 Seiten. 1925. Gebunden RM 10.50

Radiotelegraphisches Praktikum. Von Dr.-Ing. **H. Rein.** Dritte, umgearbeitete und vermehrte Auflage (Berichtigter Neudruck) von Prof. Dr. **K. Wirtz,** Darmstadt. Mit 432 Textabbildungen und 7 Tafeln. XVIII, 560 Seiten. 1922. Neudruck 1927. Gebunden RM 24.—

Der Poulsen-Lichtbogengenerator. Von **C. F. Elwell.** Ins Deutsche übertragen von Dr. **A. Semm** und Dr. **F. Gerth.** Mit 149 Textabbildungen. X, 180 Seiten. 1926. RM 12.—; gebunden RM 13.50

Englisch-Deutsches und Deutsch-Englisches Wörterbuch der Elektrischen Nachrichtentechnik. Von **O. Sattelberg,** im Telegraphentechnischen Reichsamt Berlin.
Erster Teil: **Englisch-Deutsch.** VII, 292 Seiten. 1925.
Gebunden RM 11.—
Zweiter Teil: **Deutsch-Englisch.** VIII, 320 Seiten. 1926.
Gebunden RM 12.—